STEPHAN MARTIN FEIL

Basiswissen Aufsichtsrat

Grundlagen einer erfolgreichen Unternehmensüberwachung

2008

Verfasser: *Dipl-WiWi Stephan Martin Feil, LL.M.*

Diplom-Wirtschaftswissenschaftler (Universität Ulm), Magister der Rechte im Wirtschafts- und Steuerrecht (Ruhr-Universität Bochum)

Bibliografische Information der Deutschen Nationalbibliothek

Die Deutsche Nationalbibliothek verzeichnet diese Publikation in der Deutschen Nationalbibliografie; detaillierte bibliografische Daten sind im Internet über http://dnb.d-nb.de abrufbar.

Herstellung und Verlag: Books on Demand GmbH, Norderstedt

ISBN 978-3-8334-9023-1

Inhaltsverzeichnis

Abkürzungsverzeichnis

Abs.	Absatz
ADHGB	Allgemeines Deutsches Handelsgesetzbuch
AG	Aktiengesellschaft
AktG	Aktiengesetz
APAG	Abschlussprüferaufsichtsgesetz
APAK	Abschlussprüferaufsichtskommission
Art.	Artikel
BetrVG 52	Betriebsverfassungsgesetz von 1952
BGBl.	Bundesgesetzblatt
BRD	Bundesrepublik Deutschland
bzw.	beziehungsweise
d. h.	das heißt
Dr.	Doktor
EG	Europäische Gemeinschaft
etc.	et cetera
e. V.	eingetragener Verein
f.	folgende
GmbH	Gesellschaft mit beschränkter Haftung
GmbHG	Gesetz betreffend die Gesellschaften mit beschränkter Haftung
HGB	Handelsgesetzbuch
KAGG	Gesetz über Kapitalanlagegesellschaften

KG	Kommanditgesellschaft
KGaA	Kommanditgesellschaft auf Aktien
KonTraG	Kontroll- und Transparenzgesetz im Unternehmensbereich
Mio.	Million
MitbestG	Mitbestimmungsgesetz
MontanmitbestG	Montanmitbestimmungsgesetz
MontanmitbestErgG	Montanmitbestimmungs-Ergänzungsgesetz
Nr.	Nummer
o. Ä.	oder Ähnliche
Prof.	Professor
RGBl.	Reichsgesetzblatt
Rn.	Randnummer
S.	Seite(n)
TransPuG	Transparenz- und Publizitätsgesetz
u. a.	unter anderem
u. U.	unter Umständen
vgl.	vergleiche
WiPrPrüfV	Wirtschaftsprüferprüfungsverordnung
WPO	Wirtschaftsprüferordnung
z. B.	zum Beispiel

1 Einführung

1.1 Problemstellung und Intension des Buches

In den letzten Jahren sind die Aufsichtsräte in Deutschland im Rahmen einer allgemeinen Corporate Governance Debatte immer wieder in die Kritik der Öffentlichkeit geraten. Sei es durch den Vorwurf einer uneffizienten Überwachungstätigkeit an das Aufsichtsratsgremium oder durch den unmittelbaren Wechsel von einem Vorstandsposten in ein Amt im Überwachungsorgan desselben Unternehmens und die damit verbundene mangelnde Objektivität in der Überwachung. Ebenso sind in jüngster Zeit in Teilen der Fachliteratur die Arbeitnehmervertretung in den mitbestimmten Überwachungsgremien und deren Fähigkeiten zu einer qualitativen und unabhängigen Überwachungstätigkeit in Frage gestellt worden.[1]

Die genannten Kritikpunkte werfen insbesondere die Frage auf, ob der Zugang zum Amt eines Aufsichtsrates in ausreichendem Maße geregelt ist. Der Gesetzgeber hat in diesem Bereich nur wenige konkrete Vorschriften erlassen. Deshalb soll in diesem Werk ein Anforderungskatalog erstellt werden, der sich zusammensetzt aus

---

[1] So folgert beispielsweise *Prof. Dr. Axel v. Werder* in einer Veröffentlichung in seinen zwei Schlussthesen, dass die Unternehmensmitbestimmung eine Verbesserung der Überwachungseffizienz verhindere und dass sie im Aufsichtsrat falsch platziert sei. Siehe hierzu näher *Werder, A. v.* (2004), S. 172.

gesetzlichen Vorschriften, aus Anforderungen, die aus den Rechten und Pflichten eines Aufsichtsrates abgeleitet werden können, aus Anforderungen, die die einzelnen Überwachungstätigkeiten erfordern, aus Anforderungen an die Organisation des Gremiums und nicht zuletzt auch aus Anforderungen, die durch die tägliche Praxis in diesem Bereich entstanden sind. Die Thematik der Voraussetzungen und Anforderungen der Aufsichtsratsarbeit soll in diesem Werk aber auch in einem besonderem Maße durch einen Vergleich mit den Berufszugangsregelungen zum Berufsstand des Wirtschaftsprüfers analysiert werden. Einem Berufsstand, der über umfassende und sehr konkrete Voraussetzungen im Bereich des Berufszugangs verfügt, die zudem in der Fachwelt auf breite Zustimmung stoßen.

Ziel dieses Buches soll es sein, einen Katalog aufzustellen, der die grundlegenden Anforderungen umfasst, die ein Aufsichtsratsgremium und seine Akteure für eine effektive Aufsichtsratstätigkeit benötigen. Dabei liegt das Hauptaugenmerk der Betrachtung immer – sofern an der betreffenden Stelle nichts Abweichendes ausdrücklich erwähnt wird – auf dem Fall eines mitbestimmten Aufsichtsrats einer deutschen Publikumsaktiengesellschaft.

1.2 Aufbau des Buches

Das Buch gliedert sich in acht Kapitel. Dieses erste Kapitel „Einführung“ dient ausschließlich der Vorstellung der Problemstellung und Intension des vorliegenden Werkes sowie der Erläuterung seines Aufbaus.

Mit dem zweiten Kapitel „Historischer Abriss über die Entstehung und Entwicklung des Aufsichtsrates“ soll zum einen der Zugang zum Thema erleichtert werden, zum anderen sollen die grundlegenden Meilensteine in der Entwicklungsgeschichte des Aufsichtsratsamtes näher betrachtet werden.

Das dritte Kapitel „Auswirkungen von Unternehmensrechtsform, Konzernstruktur und Mitbestimmungsgrad auf das Aufsichtsratsgremium“ geht auf rechtsformspezifische Gegebenheiten in der Aufsichtsratstätigkeit ein. Zudem gibt es Einblicke in die Auswirkungen von Konzernstrukturen und über den Einfluss der verschiedenen Stufen der Unternehmensmitbestimmung auf das Überwachungsorgan.

Im vierten Kapitel „Das Aufsichtsratsgremium – Mitglieder, Vorsitzender und Ausschüsse“ werden die Akteure des Überwachungsorgans näher betrachtet. Dabei werden sowohl Wahl, Bestellung, Abberufung und Amtszeit von Aufsichtsratsmitgliedern behandelt als auch deren jeweiligen Rechte und Pflichten. Zusätzlich geht dieses Kapitel auf die besondere Rolle des Aufsichtsratsvorsitzenden und seiner Stellvertreter ein. Außerdem werden in diesem Kapitel interessante Aspekte und Besonderheiten aus dem Bereich der Aufsichtsratsausschüsse behandelt.

Kapitel fünf „Der Überwachungsauftrag als zentrale Aufgabe des Aufsichtsrats“ beschäftigt sich mit den verschiedenen Überwachungsmethoden. Zudem werden dort die Maßstäbe der Überwachung definiert und einzelne ausgewählte Überwachungstätigkeiten erläutert.

Im Rahmen des sechsten Kapitels „Anforderungen an das Überwachungsgremium und seine Mitglieder“ wird ein Anforderungskatalog aufgestellt, der sich mit den Anforderungen an das einzelne Aufsichtsratsmitglied, an den Aufsichtsratsvorsitzenden, an Ausschussmitglieder und an das Gesamtgremium des Aufsichtsrats bzw. dessen Organisation befasst.

Das siebte Kapitel „Vergleich der Anforderungs- und Qualifikationssituation eines Wirtschaftsprüfers mit der eines Aufsichtsrates“ vergleicht und analysiert Unterschiede des jeweiligen Berufszugangs insbesondere in den Bereichen der persönlichen Voraussetzungen, der fachlichen Anforderungen sowie der Frage nach der

Unabhängigkeit der Beteiligten. Außerdem wird die Existenz von berufsständischen und berufsstandsunabhängigen Organisationen im jeweiligen Fachgebiet untersucht.

Den Abschluss des Buches bildet das achte Kapitel „Zusammenfassung und Fazit“, in dem nochmals die wichtigsten Kernaussagen dieses Werkes enthalten sind.

2 Historischer Abriss über die Entstehung und Entwicklung des Aufsichtsrates

Versucht man die Geschichte des Organs bzw. Amts des Aufsichtsrates näher zu durchleuchten, so muss man zunächst feststellen, dass man unausweichlich auf folgende Fragen stößt: Woher kommt die Unternehmensform der Aktiengesellschaft eigentlich? Welche Umstände führten zu ihrer Gründung? Wie entwickelte sich das sie umgebende rechtliche Gebilde, welches letztlich im heutigen Aktienrecht mündete?

2.1 Die Handelskompanie als Ausgangspunkt der Aktiengesellschaft

Als Ursprung unserer heutigen Aktiengesellschaften kann die Einführung der Handelskompanien zur wirtschaftlichen Erschließung der damaligen Kolonien angesehen werden. Beispielhaft seien hier die Britisch-Ostindische und die Niederländisch-Ostindische Handelskompanie genannt, die 1600 bzw. 1602 gegründet wurden.[2]

Maßgebend für die Einführung von Handelskompanien war die Tatsache, dass die finanziellen Mittel Einzelner nicht ausreichten, um solch große Unternehmungen finanzieren zu können. Da es zur

2 Siehe dazu *Lehmann, K.* (1898), S. 59.

damaligen Zeit keine geeigneten Rechtsformen für ein solches Unterfangen gab, führte man die Handelskompanien ein. Sie konnten durch die Beteiligung einer Vielzahl von Kapitalgebern den außerordentlichen Kapitalbedarf dieser Unternehmensart auf lange Sicht decken. Als Anreiz für eine entsprechende Einlage gewährte man Kapitalgebern neben der Aussicht auf eine Gewinnbeteiligung auch gewisse Mitsprache- und Kontrollrechte.[3]

Da Handelskompanien neben der Handelsberechtigung meist auch andere Privilegien vom Staat verliehen bekamen, bedurfte jede Gründung einer solchen Gesellschaft eines eigenen Rechtsaktes von Seiten des Gesetzgebers. Man spricht diesbezüglich vom sogenannten Oktroi bzw. vom Oktroi-System.[4]

Mit fortschreitender Zeit breitete sich diese Gesellschaftsform im Lauf des 18. Jahrhunderts auch auf das Bank- und Versicherungswesen aus, wobei gleichzeitig bereits die ersten Missstände auftraten. Nur zu leicht konnte bisher das unerfahrene Publikum als vermeintliche Anteilseigner von betrügerischen Unternehmern hinters Licht geführt werden, und so versuchte der Staat erste Schutzmaßnahmen einzuführen.[5]

---

3 Vgl. *Schnorr, T.* (2000), S. 5.
4 Ähnlich *Kindler, A.* (1997), S. 15f.
5 So auch *Schnorr, T.* (2000), S. 6f.

Im sogenannten holländischen Typus der Kompanien wurde den Hauptpartizipanten, also den meistbeteiligten Aktionären, sowohl ein Mitaufsichtsrecht über die Geschäftsführung als auch ein Mitbeschlussfassungsrecht zugestanden, insbesondere bei der Frage der Gewinnausschüttung.[6]

Frankreich, welches im kontinentalen Europa zu jener Zeit führend bei der Entwicklung der Gesetzgebung war, stellte im Jahr 1807 mit dem Code de Commerce das erste Werk des Aktienrechts auf. In ihm wurde beispielsweise der monetäre Verlust der beteiligten Gesellschafter auf die Höhe ihrer Einlage bei der Gesellschaft beschränkt. Das Gesetz hielt jedoch weiterhin eine Konzessionierung zur Gründung der Gesellschaftsform für notwendig. Eine rechtliche Fixierung der Organe der Gesellschaft wurde vom Gesetzgeber nicht vorgenommen, jedoch war bereits zu dieser Zeit in der Praxis eine Gliederung in Generalversammlung, Direktorium und Verwaltungsrat üblich. Die erste deutsche Aktiengesetzgebung stellt das Preußische Gesetz über Aktiengesellschaften vom 09.11.1843 dar. Es enthielt als Auflage, dass eine Konzessionierung nur für Unternehmen erteilt werden durfte, die einer Förderung aus Sicht des Gemeinnutzes wert erschienen und deren Zwecke nicht durch Einzelpersonen finanziert werden konnten.[7]

---

6 So auch *Cahn, A.* (1907), S. 3f.
7 Ähnlich *Schnorr, T.* (2000), S. 9f.

Eine Zwischenstufe hierzu stellte das Gesetz vom 03.11.1838 dar, welches sich ausdrücklich auf Eisenbahnunternehmungen bezog. Aufgrund des besonderen Charakters als öffentliches Transportmittel sicherte sich der Staat durch ein spezielles Gesetz Aufsichts- und Kontrollmöglichkeiten über die Eisenbahnaktiengesellschaften. Laut diesem Gesetz wurde den Gesellschaften nach erfolgter Genehmigung durch den Staat ein Kommissar zugeteilt, der sowohl den Vorstand zusammenrufen konnte als auch an dessen Sitzungen teilnehmen durfte.[8]

Im Gesetz von 1843 wurde diese Zuteilung von Kommissaren an die jeweiligen Aktiengesellschaften nicht mehr festgeschrieben. Der Staat versuchte jedoch, durch Einführung einer Bilanzierungspflicht ein gewisses Maß an Kontrolle über die Aktiengesellschaften zu behalten.[9]

Das Allgemeine Deutsche Handelsgesetzbuch von 1861 fasste die einzelnen Gesetze und Vorschriften der jeweiligen deutschen Gebiete wie z. B. Württemberg, Bayern und Preußen zu einem einheitlichen gesamtdeutschen Aktienrecht zusammen.[10]

---

8 Vgl. dazu *List, H. A.* (1998), S. 24.
9 Siehe *Schnorr, T.* (2000), S. 11f.
10 So *List, H. A.* (1998), S. 27.

Durch das Reglement von 1861 geriet die bis dahin schon häufiger diskutierte Konzessionspflicht ins Wanken, da das Gesetz die Entscheidung hierzu in die Hände der jeweiligen Länder legte. Die Hansestädte sowie Oldenburg schafften daraufhin die staatliche Konzessionierung der Aktiengesellschaften ab.[11]

Eine weitere Neuerung war die Einführung eines unabhängigen Organs, zu dessen Aufgaben es gehörte, neben der Rechnungsprüfung auch die Verwaltung zu überwachen. Dieses sogenannte Aufsichtsorgan hatte neben seinen Kontrollaufgaben aber auch Tätigkeiten im Verwaltungsbereich zugeschrieben bekommen, somit war es nicht nur beratend für die Gesellschaft tätig, sondern hatte auch Entscheidungskompetenzen. An dieser Stelle sei noch erwähnt, dass der Gesetzgeber dieses Kontrollorgan 1861 nur für Kommanditgesellschaften auf Aktien als obligatorisch vorschrieb, für Aktiengesellschaften war ein Kontrollorgan nur fakultativ im Gesetz verankert.[12]

Eine erste gesetzliche Definition der Aufgaben eines Aufsichtsrats war nach *Wiethölter* bereits in Art. 225 des ADHGB von 1861 mit folgendem Wortlaut zu finden: „Ist ein Aufsichtsrath bestellt, so überwacht derselbe die Geschäftsleitung der Gesellschaft in allen

[11] Siehe dazu *List, H. A.* (1998), S. 35.
[12] Vgl. *Schnorr, T.* (2000), S. 15.

Zweigen der Verwaltung; er kann sich vom Gange der Angelegenheiten der Gesellschaft unterrichten, die Bücher und Schriften derselben jederzeit einsehen und den Bestand der Gesellschaftskasse untersuchen. Er hat die Jahresrechnungen, die Bilanzen und die Vorschläge zur Gewinnverwendung zu prüfen und darüber alljährlich der Generalversammlung der Aktionaire Bericht zu erstatten. Er hat eine Generalversammlung zu berufen, wenn dies im Interesse der Gesellschaft erforderlich ist.“[13]

2.2 Einführung eines Systems der Normativbestimmungen im Aktienrecht

Das Gesetz betreffend die Kommanditgesellschaften auf Aktien und die Aktiengesellschaften vom 11.06.1870 bedeutete mit der Abschaffung des Konzessionssystems einen weiteren Meilenstein in der Entwicklung des Aktienrechts. Fortan wurde die Gründung einer Aktiengesellschaft nicht mehr von einer staatlichen Genehmigung, sondern nur noch von der Erfüllung gesetzlich definierter Voraussetzungen abhängig gemacht.[14]

Außerdem wurde nun ein Aufsichtsrat für alle Aktiengesellschaften obligatorisch vorgeschrieben, wobei dieser aus mindestens drei

[13] Ähnlich *Wiethölter, R.* (1961), S. 279.
[14] So auch *Schnorr, T.* (2000), S. 17; *Streißle, J.* (2001), S. 6.

Aktionären zu bestehen hatte. Es wurde des Weiteren festgeschrieben, dass die Generalversammlung bereits vor der Eintragung ins Handelsregister den ersten Aufsichtsrat der Gesellschaft zu wählen hatte.[15]

Ziel dieser Reform war es u. a., den Einfluss der Generalversammlung so zu verstärken, dass die Aktionäre, ähnlich des politischen Demokratiegedankens, stärker an der Willensbildung innerhalb der Aktiengesellschaften beteiligt waren.[16]

Als Ersatz für die wegfallende staatliche Aufsicht wurden explizite Regelungen für die Erstellung von Bilanzen eingeführt, deren Einhaltung der Aufsichtsrat zu kontrollieren hatte. Es war allerdings weiterhin möglich und durchaus auch üblich, den Aufsichtsrat durch Bestimmungen des Gesellschaftsstatuts an der Geschäftsführung zu beteiligen. Dadurch war eine Überwachung der Geschäftsführung im eigentlichen Sinne natürlich in vielen Fällen hinfällig, da der Aufsichtsrat oftmals an der Entscheidungsfindung beteiligt war.[17]

---

[15] So auch *Schnorr, T.* (2000), S. 19f.
[16] Siehe dazu *Wiethölter, R.* (1961), S. 66.
[17] Vgl. *Schnorr, T.* (2000), S. 20f.

Weil die Betrugsfälle im Aktienwesen dramatisch anwuchsen, wurde während des Kaiserreiches im Jahre 1884 eine erneute Reform des Aktienrechts notwendig.[18] Infolgedessen versuchte man durch die Einführung einer Gründerhaftung, die eine zivil- und strafrechtliche Verantwortung im Missbrauchsfall von Seiten der Gründer sowie der Mitglieder von Vorstand und Aufsichtsrat vorsah, den Schutz der Anleger in einem gewissen Maße sicherzustellen.[19]

Im Gesetz von 1884 wurde erstmals die Trennung von Aufsichtsrat und Vorstand beschlossen. Es war gesetzlich festgeschrieben worden, dass Mitglieder des Aufsichtsrates nicht gleichzeitig dem Vorstand angehören durften. Diese Maßnahme sollte die Unabhängigkeit der Aufsichtsräte gewährleisten. Eine weitere Neuerung des Gesetzes war, dass für die Aufsichtsratsmitglieder fortan nicht nur ein Informationsrecht, sondern eine gesetzlich fixierte Informationspflicht bestand. Durch die Einführung eines Schadensersatzanspruches sollten die Aufsichtsräte bei der Erfüllung ihrer Überwachungsaufgaben in die Pflicht genommen werden. Das Gesetz sah dabei vor, dass die Aufsichtsratsmitglieder bei den ihnen zugewiesenen Obliegenheiten die Sorgfalt eines ordentlichen Geschäftsmanns anzuwenden hatten. Durch diesen Passus sollten nicht zu-

[18] Ähnlich *Hoeland, E.* (1886), S. 46.
[19] Vgl. dazu *Schnorr, T.* (2000), S. 30.

letzt all diejenigen ferngehalten werden, die nicht über eine ausreichende Geschäftskenntnis verfügten. Des Weiteren wurde die Bestellung des Aufsichtsrates von nun an so geregelt, dass nur die Generalversammlung die Befugnis dafür hatte.[20]

Die Reform des Handelsgesetzbuches von 1897 brachte weitere Veränderungen für den Aufsichtsrat mit sich. Zuerst sei gesagt, dass der Gesetzgeber sich nun an die in der Praxis herrschenden realen Verhältnisse insoweit anpasste, als er jetzt die Aktiengesellschaft an Stelle der Kommanditgesellschaft auf Aktien als zentrale Gesellschaftsform des Aktienrechts ansah.[21] Als weitere Neuerung wurde beschlossen, dass der Aufsichtsrat die Gesellschaft bei Rechtsgeschäften mit Vorstandsmitgliedern zu vertreten hat. Außerdem konnte der Aufsichtsrat von nun an die Vertretungsbefugnisse der einzelnen Vorstandsmitglieder oder auch des Gesamtvorstandes regeln. Durch die Reform wurde die Haftung in bestimmten Fällen beim Aufsichtsrat dahingehend beschränkt, dass dieser nur noch bei wissentlichem Nichteinschreiten haftete, während beim Vorstand die Fahrlässigkeit genügte. Jede Änderung bei der Besetzung des Aufsichtsrates war von nun an durch den Vorstand zu veröffentlichen.[22]

---

[20] Ähnlich *Schnorr, T.* (2000), S. 33-38.
[21] Siehe *Kindler, A.* (1997), S. 19.
[22] So auch *Schnorr, T.* (2000), S. 41f.

2.3 Erster Weltkrieg und Weimarer Republik - erst Rückschritt, dann Fortschritt für das Aktienrecht

Der Ausbruch des Ersten Weltkrieges führte in Deutschland zu wesentlichen Veränderungen im Aktienrecht. Da man die deutsche Wirtschaft vollkommen auf die Bedürfnisse der Kriegsführung ausrichtete, wurden in der Folge am 05.08.1914 die deutschen Börsen auf unbestimmte Zeit geschlossen. Um die staatliche Einflussnahme auf die Kriegswirtschaft zu gewährleisten, wurde die staatliche Konzessionierung der Aktiengesellschaften wieder eingeführt. Außerdem wurden den Aufsichtsräten staatliche Kommissare zur Seite gestellt, die in sämtlichen Verwaltungsfragen ein Widerspruchsrecht besaßen.[23]

Nach dem Ende des Ersten Weltkrieges wurden im Betriebsrätegesetz vom 14.02.1920 erste Mitbestimmungsgrundsätze gesetzlich verankert. Darin wurde geregelt, dass je nach Unternehmen ein oder zwei Betriebsräte in den Aufsichtsrat zu entsenden waren mit gleichen Rechten und Pflichten wie die übrigen Aufsichtsratsmitglieder, sie erhielten jedoch keine gesonderte Vergütung für ihr Aufsichtsratsmandat.[24]

---

[23] Vgl. dazu *Schnorr, T.* (2000), S. 45.
[24] Ähnlich *Schnorr, T.* (2000), S. 47.

Ausgelöst durch eine neuerliche Krise, bei der einige deutsche Großbanken vor der Zahlungsunfähigkeit standen, wurde am 21.09.1931 eine Notverordnung mit Bezug auf das Aktienrecht erlassen. Um den Aktionärsschutz zu verbessern, wurde eine Gliederung von Jahresabschluss und Geschäftsbericht vorgeschrieben. Außerdem wurde eine Pflichtprüfung der Bilanz durch unabhängige Wirtschaftsprüfer beschlossen.[25]

Des Weiteren wurde eine Obergrenze von 30 Aufsichtsratsmitgliedern festgelegt, wobei ein einzelner Aufsichtsrat nicht mehr als 20 Aufsichtsratsmandate innehaben durfte. Eine Verschärfung der Berichtspflicht des Vorstandes gegenüber den Aufsichtsräten wurde vorgenommen, indem die Unterrichtungen nun mindestens vierteljährlich zu erfolgen hatten. Die Aufsichtsräte hatten jetzt auch das Recht, unter Angabe der Gründe eine Einberufung des Aufsichtsrates zu verlangen.[26]

Gegen Ende der Weimarer Republik wurde eine Reihe von Entwürfen für eine neuerliche Überarbeitung des Aktienrechts ausgearbeitet, die dann schließlich unter der Herrschaft der Nationalsozialisten weitgehend umgesetzt wurden.[27]

---

[25] Ähnlich *Hofmann, R.* (1998), S. 30; *Streißle, J.* (2001), S. 10f.
[26] So auch *Schnorr, T.* (2000), S. 57-60.
[27] Siehe *Kindler, A.* (1997), S. 19.

2.4 Das Dritte Reich und seine Auswirkungen auf Aktienrecht und Aufsichtsrat

Erste Befürchtungen, die Nationalsozialisten könnten das Aktienrecht gravierend auf ihre totalitäre Denkweise ausrichten, wurden im Aktiengesetz von 1937, das nun endgültig aus den HGB herausgelöst wurde, nur bedingt bestätigt. Zwar machte das neue Gesetz deutlich, dass der Vorstand einer Aktiengesellschaft diese im Bewusstsein der Verantwortung für den gemeinen Nutzen von Volk und Reich zu leiten hatte, aber eine neuerliche Einführung der Konzessionierung, wie sie viele befürchtet hatten, blieb aus.[28] Viele der durchgeführten Änderungen im Aktiengesetz von 1937 beruhten auf Entwürfen aus der Weimarer Republik. Darunter waren auch begriffliche Änderungen, so sprach man nun nicht mehr von der General- sondern von der Hauptversammlung.[29]

Als einen der entscheidendsten Eingriffe muss man wohl das Abrücken von der Hauptversammlung als oberstem Organ der Aktiengesellschaft nennen.[30]

Unter den Nationalsozialisten wurde gemäß des Führerprinzips der Vorstand als oberstes Organ angesehen, wodurch die demokrati-

[28] Vgl. auch *Schnorr, T.* (2000), S. 69f.
[29] Ähnlich *Schnorr, T.* (2000), S. 74.
[30] So auch *Kindler, A.* (1997), S. 19.

schen Mehrheitsprinzipen der Beschlussfassung bei einer Hauptversammlung weitgehend umgangen werden konnten.[31] Außerdem wurde eine Staffelung der Höchstzahl von Mitgliedern des Aufsichtsrates nach der Höhe des Stammkapitals beschlossen, wobei die Obergrenze bei 20 Personen lag. Bezüglich der Besetzung des Aufsichtsrates wurde verboten, dass juristische Personen als Mitglieder des Aufsichtsrates berufen werden konnten. Ferner wurde beschlossen, dass eine einzelne Person nicht mehr als zehn Aufsichtsratsmandate innehaben dürfe. Des Weiteren war es nun nicht mehr notwendig, alle Aufsichtsratmitglieder in derselben Wahlperiode zu wählen, somit wurde ein turnusmäßiges Ausscheiden ermöglicht. Die Überwachungsaufgabe wurde weiter verstärkt, da die Aufsichtsräte nun auch den vom Vorstand aufzustellenden Geschäftsbericht zu prüfen hatten. Dem Aufsichtsrat wurde nun auch die Möglichkeit geschaffen, mittels der Satzung besondere Geschäftsabschlüsse von der Zustimmung des Aufsichtsrats abhängig zu machen. Die Bestellung des Vorstandes wurde nun vollständig an den Aufsichtsrat übertragen, der bei mehreren Vorstandsmitgliedern auch deren Vorsitzenden zu ernennen hatte.[32]

In der Praxis wurde zu dieser Zeit schon reger Gebrauch von der Einrichtung diverser Aufsichtsratsausschüsse gemacht. Dieser Tat-

---

31 Vgl. dazu *Schnorr, T.* (2000), S. 85f.

32 Ähnlich *Schnorr, T.* (2000), S. 76-81.

sache trug nun auch der Gesetzgeber Rechnung. Er schrieb fest, dass Ausschüsse nur zur Beschlussvorbereitung oder zur Überwachung der Beschlussausführung sowie zu Verhandlungszwecken gebildet werden durften. Alle wesentlichen Aufgaben, wie z. B. die Vorstandsbestellung oder die Einberufung der Hauptversammlung, mussten hingegen vom Gesamtgremium wahrgenommen werden. Der Gesetzgeber legte zudem fest, dass weder den Sitzungen der Ausschüsse, noch denen des Aufsichtsrats als Gesamtgremium Personen beiwohnen durften, die nicht dem Aufsichtsrat oder dem Vorstand angehörten.[33]

Die Haftung der Aufsichtsräte wurde weiter verschärft, so hatten diese nun im Zweifelsfalle laut Gesetzestext zu beweisen, dass sie die Sorgfalt eines ordentlichen und gewissenhaften Geschäftsleiters angewandt hatten.[34]

Nach Ausbruch des Zweiten Weltkrieges wurden noch weitere Maßnahmen getroffen, die u. a. die Ausschüttungen und Hauptversammlungen der Aktiengesellschaften im Sinne der deutschen Kriegsführung einschränkten.[35]

---

[33] Siehe *Schnorr, T.* (2000), S. 82.
[34] Vgl. *Schnorr, T.* (2000), S. 84.
[35] Ähnlich auch *Schnorr, T.* (2000), S. 89.

2.5 Die Einflussnahme der BRD auf Aktienrecht und Aufsichtsrat

In der neugegründeten BRD kamen schnell erste Reformvorschläge bezüglich des Aktienrechts auf, da allgemein das von den Nationalsozialisten ins Leben gerufene Führerprinzip bei Aktiengesellschaften, also die starke Stellung des Vorstandes als oberstes Organ, als nicht mehr zeitgemäß angesehen wurde.[36]

Zu Beginn der Fünfzigerjahre wurden durch den Erlass der Mitbestimmungsgesetze gravierende Änderungen bezüglich der Besetzung der Aufsichtsräte vorgenommen. Zunächst wurde das Mitbestimmungsgesetz der Montanindustrie vom 21.05.1951 eingeführt. Am 11.10.1952 folgte dann das für alle Aktiengesellschaften geltende Betriebsverfassungsgesetz, welches ein Drittel der Sitze des Aufsichtsrates den Arbeitnehmern zusprach.[37]

Mit dem Gesetz über die Kapitalerhöhung aus Gesellschaftsmitteln und über Gewinn- und Verlustrechnung vom 23.12.1959 kam es zu einer weiteren Vorwegnahme von drei Reformpunkten, weshalb das Gesetz auch als kleine Aktienrechtsreform bezeichnet wurde. Diese Punkte befassten sich mit der Gliederung der Gewinn- und Verlustrechnung sowie mit der Kapitalerhöhung durch Umwand-

---

[36] Vgl. dazu *Schnorr, T.* (2000), S. 91.
[37] So auch *Kindler, A.* (1997), S. 20.

lung von Rücklagen, insbesondere zum Zweck der Ausgabe von Belegschaftsaktien.[38]

Das eigentliche Reformgesetz von 1965 legte die Obergrenzen für Mitgliedszahlen des Aufsichtsrates auf 15 bzw. 21 Personen fest. Die Gesamtzahl hatte durch drei teilbar zu sein. Bezüglich der Zusammensetzung des Aufsichtsrates wurde nun ausdrücklich im Gesetz auf das Betriebsverfassungsgesetz, das Mitbestimmungsgesetz und das Mitbestimmungsergänzungsgesetz verwiesen. Für die Mandate, die ein einzelner Aufsichtsrat auf sich vereinen durfte, wurde eine Höchstzahl von 10 gesetzlich vorgeschrieben, nicht einzurechnen waren hierbei solche Mandate, die unter die sogenannte Konzernklausel fielen, d. h. Mandate, die ein Konzernaufsichtsrat in Tochtergesellschaften innehatte. Zudem wurde es durch das Gesetz verboten, dass gesetzliche Vertreter eines abhängigen Unternehmens in den Aufsichtsrat des herrschenden Unternehmens bestellt wurden. Ebenso verboten wurde die sogenannte Überkreuzverflechtung, d. h. es wurde untersagt, dass ein gesetzlicher Vertreter des Unternehmens A in den Aufsichtsrat des Unternehmens B berufen wurde, wenn dies gleichzeitig auch umgekehrt der Fall war. Für den Fall, dass ein Aufsichtsratsmitglied bei einer Sitzung verhindert sein sollte, sah das Gesetz nun die Möglichkeit eines Stimmboten vor, dieser konnte aber laut Gesetz nur ein weite-

[38] Siehe *Schnorr, T.* (2000), S. 98.

res Mitglied des Aufsichtsrates sein. Des Weiteren wurde dem Aufsichtsrat gesetzlich das Recht zum Erlass einer Geschäftsordnung für den Vorstand eingeräumt. Außerdem wurde festgelegt, dass ausschließlich der Aufsichtsrat die Gesellschaft bei Rechtsgeschäften mit dem Vorstand vertreten durfte. Beratungs-, Dienstleistungs- und andere Werkverträge zwischen der Gesellschaft und einzelnen Aufsichtsratsmitgliedern bedurften nun laut Gesetz der Zustimmung des Aufsichtsratsgremiums.[39]

Die Berichtspflicht des Vorstandes wurde inzwischen vom Gesetzgeber als die wesentliche Informationsquelle des Aufsichtsrats erkannt und daher in der neuen Reform des Aktienrechts auch entsprechend detailliert gewürdigt. So sah das Gesetz fünf verschiedene Berichtsarten vor, über die der Vorstand Auskunft erteilen musste. Jede dieser Berichtsarten hatte ihre individuellen Fristen, innerhalb derer der Vorstand dem Aufsichtsrat Bericht zu erstatten hatte. Die Berichte über die Geschäftspolitik und grundsätzliche Fragen der Geschäftsführung hatten mindestens jährlich zu erfolgen. Ein Bericht über die Rentabilität der Gesellschaft hatte in der Sitzung des Aufsichtsrates zu erfolgen, in der der Jahresabschluss bearbeitet wurde. Die dritte Art befasste sich mit dem Gang der Geschäfte und der Lage der Gesellschaft. Ein Bericht hierzu hatte mindestens einmal im Quartal zu erfolgen. Wurden Geschäfte getätigt, die die

39 Vgl. *Schnorr, T.* (2000), S. 101-109.

Rentabilität oder Liquidität der Gesellschaft in gravierender Weise betrafen, so hatte der Vorstand dazu rechtzeitig Bericht zu erstatten, damit der Aufsichtsrat die Möglichkeit hatte, sich vor Geschäftsabschluss dazu zu äußern. Die fünfte und letzte gesetzlich angesprochene Berichtsart waren Berichte an den Aufsichtsratsvorsitzenden aus wichtigem Anlass. Dieser hatte dann die anderen Aufsichtsratsmitglieder spätestens in der nächsten Sitzung des Gremiums zu unterrichten.[40]

Es wurde außerdem erneut gesetzlich festgeschrieben, dass der Aufsichtsrat nur Aufgaben zur Vorbereitung und nicht zur Entscheidung an diverse Ausschüsse übertragen konnte. Nachdem der Bundesgerichtshof entschieden hatte, dass der Aufsichtsrat nicht stillschweigend entscheiden konnte, wurde im Gesetz ausdrücklich der Beschluss als einzige Entscheidungsform fixiert. Des Weiteren wurde bei der Reform von 1965 ein Mindestturnus für Aufsichtsratssitzungen beschlossen; so soll das Gremium in der Regel einmal im Kalendervierteljahr tagen, in jeden Fall aber einmal im Kalenderhalbjahr. Zusätzlich zur Schadensersatzpflicht bei einer Verletzung der Schweigepflicht wurde dieser Tatbestand nun auch kraft Gesetzes strafbar.[41]

---

40 Ähnlich *Schnorr, T.* (2000), S. 110f.

41 Vgl. dazu *Schnorr, T.* (2000), S. 112f.

Ein weiterer wichtiger Schritt war die Einführung der Paragraphen 329 - 393 des Aktiengesetzes von 1965, die die Erstellung eines Konzernabschlusses vorschrieben. Das Gesetz über die Rechnungslegung bestimmter Unternehmen und Konzerne von 1969, kurz Publizitätsgesetz genannt, regelt die Rechenschaftslegung von Unternehmen und Konzernen, die definierte Größenmerkmale überschreiten.[42]

Die 1965 im Aktiengesetz eingeführten Paragraphen zur Rechnungslegung im Konzern wurden später entsprechend der Einarbeitung der 7. EG-Richtlinie, der sogenannten Konzernbilanzrichtlinie, durch das Bilanzrichtliniengesetz von 1985 geändert, neu gefasst und in das HGB übernommen. Mit der Überführung ins HGB wurden die entsprechenden Paragraphen im Aktiengesetz wieder aufgehoben.[43] Diese Regelungen wirkten sich insbesondere auf die Überwachungstätigkeiten der Aufsichtsräte von Konzernunternehmen aus.

Ab der Reform von 1965 wurde die weitere Entwicklung zunehmend durch Erlasse und Richtlinien auf europäischer Ebene und deren Einarbeitung in das deutsche Recht geprägt.

---

[42] Ähnlich *Hofmann, R.* (1998), S. 31.
[43] So auch *Balser, H./Bokelmann, G./Piorrek, K. F.* (1997), S. 295f., Rn. 672.

Mit dem Gesetz zur Kontrolle und Transparenz im Unternehmensbereich von 1998, kurz das sogenannte KonTraG, wurde eine Höchstzahl von zehn Aufsichtsratsmandaten pro Person erlassen, wobei ein Mandat als Vorsitzender doppelt gezählt wird. Ebenso wurde für den Aufsichtsrat die Pflicht zur Überwachung des vom Vorstand einzurichtenden Risikomanagement-Systems und die Pflicht, den Abschlussprüfer zu seiner Sitzung über den Jahresabschluss einzuladen und anzuhören, eingeführt. Im Gegenzug wurde dem Aufsichtsrat dafür das Recht zugesprochen, den Abschlussprüfer zu beauftragen.[44]

Das Transparenz- und Publizitätsgesetz von 2002, kurz TransPuG, hat ebenfalls für das Überwachungsgremium einige Veränderungen gebracht. Beispielsweise muss der Vorstand seither in seinen Quartalsberichten an den Aufsichtsrat auch auf die Abweichungen von den Planungen mit Gründen dazu eingehen. Des Weiteren ist es von da an für jedes Aufsichtsratsmitglied möglich, auch allein einen Zusatzbericht vom Vorstand zu verlangen. Vorstandsberichte haben nunmehr in der Regel in schriftlicher Form sowie möglichst rechtzeitig dem Überwachungsgremium erstattet zu werden. Außerdem wurde der Aufsichtsrat verpflichtet, einen Katalog zustimmungspflichtiger Geschäfte zu beschließen. Ebenso wurde er nun

[44] Siehe hierzu *Lutter, M./Krieger, G.* (2002), S. 18, Rn. 52.

zur Verschwiegenheit über erhaltene vertrauliche Berichte und vertrauliche Beratungen verpflichtet.[45]

Auf die jüngsten Einflüsse bzw. Auswirkungen durch den Deutschen Corporate Governance Kodex wird an der jeweils dafür relevanten Stelle dieses Buches detaillierter eingegangen. Die Regelungen des Kodexes sind für die Unternehmen nicht verpflichtend, jedoch sollen Vorstand und Aufsichtsrat von börsennotierten Unternehmen im Rahmen der sogenannten „comply or explain"-Regelung jährlich erklären, ob der Kodex eingehalten wurde bzw. warum davon abgewichen wurde.

2.6 Ausgewählte Entwicklungen zur Unternehmensüberwachung im Ausland

Das für Deutschland typische zweigeteilte System von Überwachungsorgan und Geschäftsführungsorgan ist im Ausland nur gering verbreitet. Das mit dem Begriff „two- tier" bezeichnete System besteht so nur noch in vergleichbarer Form in Österreich, Finnland, Schweden, Dänemark und den Niederlanden.[46]

---

[45] Vgl. hierzu *Lutter, M./Krieger, G.* (2002), S. 18f., Rn. 53.
[46] Siehe *Potthoff, E./Trescher, K.* (2003), S. 22, Rn. 86.

Im angelsächsischen Raum wird die Führung und Überwachung eines Unternehmens meistens im dafür typischen Board- bzw. „one-tier“-System organisiert. Dabei existiert neben der Hauptversammlung der Aktionäre mit dem Board of Directors nur ein zentrales Verwaltungsorgan, das sowohl für die Geschäftsführung als auch für die Überwachung zuständig ist.[47]

Die Mitglieder des Boards lassen sich in Inside-Directors mit Geschäftsführungsaufgaben und Outside-Directors mit Überwachungsaufgaben einteilen.[48] Die interne Aufgabenaufteilung hat jedoch keinerlei Einfluss auf die Verantwortlichkeit und Haftung der einzelnen Boardmitglieder.[49]

Im Gegensatz zu den deutschen Aufsichtsräten sitzen die Outside-Directors selbst im Leitungsgremium und haben somit unmittelbaren Zugang zu den dort verfügbaren Informationen. Zudem hat das Board als Leitungsgremium eine höhere Sitzungsfrequenz gegenüber dem zweigeteilten Modell.[50] Dieser offensichtliche Vorteil gegenüber dem zweigeteilten System wird jedoch dadurch wieder aufgehoben, dass die Outside-Directors durch ihre Eingebundenheit in Entscheidungsprozesse ein gewisses Maß an Unabhän-

---

[47] So auch *Kindler, A.* (1997), S. 14.
[48] Ähnlich *Potthoff, E./Trescher, K.* (2003), S. 24, Rn. 93.
[49] Vgl. *Potthoff, E./Trescher, K.* (2003), S. 25, Rn. 94.
[50] Siehe dazu *Potthoff, E./Trescher, K.* (2003), S. 25, Rn. 96.

gigkeit und Objektivität gegenüber den zu überwachenden Geschäftsvorfällen verlieren.[51]

Arbeitnehmervertreter, wie sie in Deutschland durch die Mitbestimmungsregelungen in vielen Gesellschaften üblich sind, sind im Board-Modell nicht vorhanden.[52]

Die Schweiz sieht für die AG das sogenannte Obligationenrecht vor, welches ein sehr flexibles Verwaltungsratsmodell ist. Die große Flexibilität beruht darauf, dass die Schweizer Rechtsprechung auch die Übertragung von Führungsaufgaben auf Delegierte außerhalb des Verwaltungsrates erlaubt. So kann es in der Praxis zu vier Konstellationen kommen. Bei der ersten nimmt der Verwaltungsrat sowohl Überwachungs- als auch Führungsaufgabe als Gesamtgremium wahr (Nur-Insider-Board). Im zweiten Fall nimmt er nur die Überwachungsaufgabe selbst wahr und delegiert die Führungsaufgabe an eine oder mehrere Personen aus dem Verwaltungsrat (Insider-Outsider-Board). Bei der dritten Konstellation übernimmt der Verwaltungsrat die Überwachungsaufgabe und delegiert die Führungsaufgabe vollständig an Personen, die nicht dem Verwaltungsrat angehören (Nur-Outsider-Board). Im vierten Fall wird die Ü-

---

[51] So auch *Hopt, K. J.* (2001), S. 42.

[52] Vgl. dazu *Kindler, A.* (1997), S. 174, *Lutter, M./Krieger, G.* (2002), S. 2, Rn. 1.

berwachungsaufgabe auch vom Verwaltungsrat übernommen, die Führungsaufgabe übernimmt nun jedoch eine Gruppe von Personen, die sowohl zum Teil dem Verwaltungsrat angehören als auch nicht (Board-Aufsichtsrats-Modell).[53]

In Frankreich besteht für Unternehmen die Möglichkeit, zwischen dem Aufsichtsrats- und Board-System zu wählen. Die Unternehmen können dabei selbst entscheiden, ob sie beispielsweise aufgrund ihrer geringen Größe nur ein gemeinsames Organ bilden oder ob sie die Unternehmenskontrolle einem eigenständigen Organ übertragen wollen.[54]

---

[53] Vgl. dazu *Potthoff, E./Trescher, K.* (2003), S. 26f., Rn. 99-102.
[54] Ähnlich *Hopt, K. J.* (2001), S. 42.

3 Auswirkungen von Unternehmensrechtsform, Konzernstruktur und Mitbestimmungsgrad auf das Aufsichtsratsgremium

Die Rechtsform eines Unternehmens hat erheblichen Einfluss darauf, ob ein Aufsichtsrat zu bilden ist und mit welchen Rechten und Pflichten sowie Aufgabenstellungen dieser ausgestattet bzw. konfrontiert wird. Ebenso wirken sich eine gegebenenfalls vorhandene Konzernstruktur und die Ausprägung des Mitbestimmungsgrades stark auf das Überwachungsorgan aus.

3.1 Unterschiede bezüglich der verschiedenen Unternehmensrechtsformen

3.1.1 Der Aufsichtsrat der Aktiengesellschaft

Der Aufsichtsrat einer AG wurde und wird sowohl in der Fachliteratur als auch vom Gesetzgeber am ausführlichsten von allen Unternehmensrechtsformen behandelt und geregelt. Das liegt zum einen sicherlich daran, dass die Aufmerksamkeit der Öffentlichkeit weit häufiger auf die Aufsichtsräte großer börsennotierter Unternehmen gelenkt wird als auf andere meist kleinere Unternehmen und deren Rechtsformen. Zum anderen ist der Aufsichtsrat bei keiner anderen Unternehmensrechtsform mit größeren Kompetenzen ausgestattet als bei der AG.

Das Aktiengesetz setzt den Aufsichtsrat als zwingend einzurichtendes Organ der AG voraus, das aus mindestens drei Mitgliedern besteht und als Obergrenze, gestaffelt je nach Höhe des Grundkapitals, bis zu 21 Mitglieder vorsieht.[55] Bezüglich der Zusammensetzung des Gremiums verweist das Aktiengesetz auf die Regelungen des Mitbestimmungsgesetzes, des Montan-Mitbestimmungsgesetzes und des Betriebsverfassungsgesetzes, welche die genaue Anzahl der Aktionärs- bzw. Arbeitnehmervertreter festlegen.[56]

Als persönliche Voraussetzungen für das Amt des Aufsichtsrates gibt das Aktienrecht u. a. an, dass nur eine natürliche, unbeschränkt geschäftsfähige Person Mitglied des Gremiums sein kann.[57] Auf diese und andere Wählbarkeitsvoraussetzungen wird unter Gliederungspunkt 4.1.1.1 dieses Buches detailliert eingegangen.

Zu den Aufgaben des Aufsichtsrates einer AG gehören die begleitende Überwachung, also die Überwachung der Geschäftsführung und der von ihr praktizierten Geschäftspolitik, sowie eine Überwachung der Unternehmensentwicklung. Außerdem hat das Gremium Prüfungsaufgaben durchzuführen, d. h. es ist verpflichtet, Jahresabschluss, Lagebericht und Gewinnverwendungsvorschlag zu prüfen.

---

55 Siehe § 95 Satz 1-4 AktG.
56 So § 96 Abs. 1 AktG.
57 Vgl. § 100 Abs. 1 AktG.

Zusätzlich zu diesen beiden Aufgabenbereichen, bei denen an dieser Stelle auf eine ausführliche Behandlung in Kapitel 5 verwiesen wird, hat der Aufsichtsrat der AG noch Aufgaben der gestaltenden Überwachung wahrzunehmen. Darunter fällt insbesondere die Personalkompetenz, also die Bestellung und Abberufung des Vorstandes, sowie die Geschäftsordnungskompetenz, die eine Verteilung der Geschäfte auf die einzelnen Vorstände und das Erlassen einer Geschäftsordnung für die Vorstände beinhaltet. Des Weiteren hat das Aufsichtsratsgremium der AG die Möglichkeit, zustimmungspflichtige Geschäfte festzulegen und über diese dann zu entscheiden. Es hat die AG rechtlich gegenüber den Vorstandsmitgliedern zu vertreten, ebenso hat es bezüglich der Wahl von Aufsichtsratsmitgliedern der Anteilseignerseite sowie der Wahl des Abschlussprüfers das Vorschlagsrecht. Außerdem hat der Aufsichtsrat bei der AG über den vom Vorstand aufgestellten Jahresabschluss zu entscheiden. Er regelt zudem Kreditverträge mit Personen der Leitungsebene und deren Angehörigen, also auch an Aufsichtsratsmitglieder. Ebenso sind dort die Modalitäten für Beratungsverträge mit Mitgliedern des Aufsichtsrats zu regeln. Zudem hat der Aufsichtsrat bei der Durchführung der Ausgabe von Aktien im Rahmen genehmigten Kapitals in besonderer Weise mitzuwirken.[58]

---

[58] Ähnlich *Hoffmann, D./Preu, P.* (2003), S. 1-15, Rn. 100-108; *Potthoff, E./Trescher, K.* (2003), S. 11, Rn. 44.

Auf die oben angeführten Punkte der gestaltenden Überwachung sei an dieser Stelle auf eine ausführliche Behandlung in Kapitel 5 verwiesen.

3.1.2 Die Kommanditgesellschaft auf Aktien und ihr Aufsichtsrat

Der Gesetzgeber schreibt auch für die KGaA zwingend als Überwachungsorgan einen Aufsichtsrat vor. Bei Gesellschaften, die der Mitbestimmung unterliegen, hat die Zusammensetzung des Aufsichtsrates selbstverständlich gemäß der entsprechenden Gesetze zu erfolgen.[59] Außerdem sei erwähnt, dass die nicht geschäftsführenden Komplementäre kraft Gesetzes nicht in das Aufsichtsratsgremium berufen werden können.[60]

Aufgrund einer bei der KGaA vorhandenen persönlichen Haftung der Komplementäre entfallen für den Aufsichtsrat bei dieser Unternehmensrechtsform die Aufgaben aus dem Bereich der gestaltenden Überwachung. Da die Komplementäre prinzipiell zur Geschäftsführung berechtigt sind, gibt es auch keine Personalentscheidung bezüglich eines Vorstandes durch den Aufsichtsrat zu treffen. Die Bereiche der begleitenden Überwachung und der Prü-

---

59 Vgl. *Hoffmann, D./Preu, P.* (2003), S. 206, Rn. 808.
60 Siehe dazu § 287 Abs. 3 AktG.

fungsaufgaben bestehen hingegen auch für den Aufsichtsrat einer KGaA.[61] Vom Gesetzgeber wird im Falle fehlender, speziell auf die KGaA ausgelegter Vorschriften ausdrücklich auf das für Aktiengesellschaften geltende Recht verwiesen.[62]

Der Aufsichtsrat vertritt die Gesellschaft rechtlich gegenüber der Komplementären. Außerdem repräsentiert er die Gesamtheit der Kommanditisten bei Rechtsstreitigkeiten gegen die persönlich haftenden Gesellschafter, sofern die Hauptversammlung keine gesonderten Vertreter hierfür bestimmt hat.[63] Das Aufsichtsratsgremium hat zudem die Beschlüsse der Kommanditaktionäre auszuführen, falls in der Satzung kein anderer Sachverhalt bestimmt ist.[64] Geschäfte, die von der Zustimmung des Überwachungsorgans abhängig sind, kann bei der KGaA nur die Satzung festlegen. Des Weiteren ist der Aufsichtsrat zuständig für die Kreditgewährung an Personen der Leitungsebene sowie für das Wettbewerbsverbot für persönlich haftende Gesellschafter bzw. eventuelle Ausnahmen hiervon.[65]

[61] Ähnlich auch *Hoffmann, D./Preu, P.* (2003), S. 207, Rn. 811; *Potthoff, E./Trescher, K.* (2003), S. 11, Rn. 45; *Semler, J.* (2004), S. 6, Rn. 10.
[62] Siehe § 278 Abs. 3 AktG.
[63] So § 287 Abs. 2 Satz 1 AktG.
[64] Siehe dazu § 287 Abs. 1 AktG.
[65] Ähnlich *Potthoff, E./Trescher, K.* (2003), S. 12, Rn. 47.

3.1.3 Die Gesellschaft mit beschränkter Haftung

3.1.3.1 Allgemeines zum Überwachungsorgan einer GmbH

Bei der Rechtsform der GmbH haben die Gesellschafter eine sogenannte Inhaberstellung, d. h. sie können die Verfassung der Gesellschaft sowie die Zuständigkeiten der Organe nach ihren eigenen Vorstellungen gestalten und sind nur in einem geringen Maße an gesetzliche Vorgaben gebunden. Zudem können sie selbst die Geschäftsführung übernehmen oder sie an einen Fremdgeschäftsführer übertragen. Im Rahmen des Gesellschaftsvertrags haben die Gesellschafter die Möglichkeit, der Geschäftsführung Weisungen zu erteilen oder auch deren Zuständigkeiten zu beschränken.[66]

Die Personal- und Geschäftsordnungskompetenz steht bei der GmbH grundsätzlich der Gesellschafterversammlung zu. Diese stellt zudem auch den Jahresabschluss fest und übernimmt somit Aufgabenbereiche, die bei der AG dem Aufsichtsrat zugeordnet sind. Diese Konkurrenzsituation in Teilen der Überwachungstätigkeit kann mitunter ein erhöhtes Konfliktpotenzial zwischen Gesellschafterversammlung und dem eventuell vorhandenen Aufsichtsrat hervorbringen.[67]

---

66 So auch *Potthoff, E./Trescher, K.* (2003), S. 12f., Rn. 48.

67 Vgl. *Potthoff, E./Trescher, K.* (2003), S. 13, Rn. 49-51; *Semler, J.* (2004), S. 6, Rn. 11.

3.1.3.2 Die GmbH mit fakultativem Aufsichtsrat

Der fakultative Aufsichtsrat ist dadurch gekennzeichnet, dass er nicht auf der Gesetzeslage beruht, sondern auf Beschluss der Gesellschafter im Gesellschaftsvertrag. Rechte und Pflichten bzw. Aufgaben eines fakultativen Aufsichtsrats einer GmbH regelt § 52 GmbHG, der seinerseits auf die entsprechenden Regelungen des Aktiengesetzes verweist, sofern im Gesellschaftsvertrag nichts anderes bestimmt ist.[68]

So kann beispielsweise darin geregelt werden, ob der Aufsichtsrat der GmbH Ausschüsse bilden darf. Außerdem können dort zustimmungspflichtige Geschäfte festgelegt werden. Der Gesellschaftsvertrag kann die in § 52 GmbHG definierten Rechte, Pflichten und Aufgaben sowohl erweitern als auch einschränken.[69]

Allerdings sind möglichen Einschränkungen insoweit Grenzen gesetzt, als man nur solange von einem Aufsichtsrat sprechen kann, solange dieser in der Lage ist, sich eigenverantwortlich Informationen zu beschaffen und diese eigenständig zu bewerten.[70]

---

68 Vgl. dazu § 52 Abs. 1 GmbHG.

69 Siehe dazu *Potthoff, E./Trescher, K.* (2003), S. 13f., Rn. 53; *Semler, J.* (2004), S. 6, Rn. 12; *Bellavite-Hövermann, Y./Lindner, G./Lüthje, B.* (2005), S.243f., Rn. 251.

70 So auch *Potthoff, E./Trescher, K.* (2003), S. 14, Rn. 55.

3.1.3.3 Die GmbH mit obligatorischem Aufsichtsrat

Im Unterschied zum fakultativen ist der obligatorische Aufsichtsrat gesetzlich begründet. Rechtsgrundlagen sind dabei § 6 MitbestG 76, § 3 MontanmitbestG, § 2 MontanmitbestErgG, § 77 Abs. 1 BetrVG 52 sowie § 3 KAGG. Darin werden die gesetzlichen Aufgaben der Aufsichtsräte festgelegt, die in der Praxis zwar durch den Gesellschaftsvertrag erweitert aber nicht eingeschränkt werden dürfen. Je nach anzuwendender Gesetzeslage können zwei Typen von Aufsichtsräten auftreten. Für Gesellschaften, die nicht unter das Montanmitbestimmungsgesetz bzw. Montanmitbestimmungsergänzungsgesetz fallen, sieht der Gesetzgeber nur Aufgaben der begleitenden Überwachung sowie je nach Gesellschaftsvertrag Entscheidungen zu zustimmungspflichtigen Geschäften vor. Stammt die Gesellschaft hingegen aus dem Montanbereich, so räumt ihr der Gesetzgeber zusätzlich noch Kompetenzen in den Personal- und Geschäftsordnungsbereichen ein.[71]

Auf weitere Erläuterungen zur Mitbestimmung und deren Auswirkungen auf das Überwachungsorgan einer Gesellschaft sei an dieser Stelle auf die Ausführungen des Unterpunktes 3.3 dieses Kapitels verwiesen.

[71] Vgl. *Lutter, M./Krieger, G.* (2002),S. 338-343, Rn. 895-913; *Potthoff, E./Trescher, K.* (2003), S. 14f., Rn. 56-60.

3.1.4 Das Überwachungsorgan der Genossenschaft

Die Einrichtung eines Aufsichtsrates ist für jede eingetragene Genossenschaft vorgeschrieben. Er muss mindestens aus drei Personen bestehen, wobei es sich bei den Aufsichtsratmitgliedern zwingend um Genossen handeln muss. Einzige Ausnahme sind die Vertreter der Arbeitnehmer im Aufsichtsrat einer mitbestimmten Genossenschaft.[72]

Die Generalversammlung der Genossenschaft hat als ihr oberstes Entscheidungs- und Willensbildungsorgan eine stärkere Stellung als die Hauptversammlung der AG. Sie ist zwingend für Bestellung und Abberufung des Vorstandes sowie für die Feststellung des Jahresabschlusses zuständig. Aufgrund dieser starken Stellung sind die Aufgaben des Aufsichtsrates, zumindest gesetzlich, auf die begleitende Überwachung, auf Prüfungsaufgaben und auf wenige Aufgaben der gestaltenden Überwachung beschränkt. So sind dem Aufsichtsrat die vorläufige Personaldisposition, die Genehmigung von Krediten für Vorstandsmitglieder sowie die rechtliche Vertretung der Genossenschaft gegenüber dem Vorstand übertragen. Zudem können per Satzungsbeschluss weitere Rechte eingeräumt werden, beispielsweise im Bereich der zustimmungspflichtigen Geschäfte.

[72] Ähnlich *Lutter, M./Krieger, G.* (2002), S. 375, Rn. 1011; *Hoffmann, D./Preu, P.* (2003), S. 203f., Rn. 803; *Bellavite-Hövermann, Y./Lindner, G./Lüthje, B.* (2005), S. 244, Rn. 252.

In der Praxis haben sich diesbezüglich Mustersatzungen der genossenschaftlichen Spitzenverbände als Grundlage für die an den Aufsichtsrat übertragbaren Aufgaben durchgesetzt.[73]

Im Gegensatz zur AG existiert bei der Genossenschaft keine gesetzliche Regelung, die dem Vorstand vorschreibt, welche Berichte er dem Aufsichtsrat vorzulegen hat.[74]

3.1.5 Sonstige Rechtsformen und ihre Unternehmensaufsicht

Als erstes sei hier der Versicherungsverein auf Gegenseitigkeit genannt, für welchen weitestgehend die Regelungen für Aktiengesellschaften gelten. Für kleine Vereine gibt es allerdings keinen obligatorischen Aufsichtsrat, wird er dennoch eingerichtet, so gelten für ihn die genossenschaftlichen Regelungen. Die Einordnung entsprechend der Vereinsgröße wird vom zuständigen Aufsichtsamt, der Bundesanstalt für Finanzdienstleistungsaufsicht, vorgenommen.[75]

Für privatrechtliche Gesellschaften besteht die Möglichkeit, einen sogenannten Beirat einzuberufen bzw. zu wählen. Da gesetzlich weder der Begriff des Beirates noch Regelungen dazu existieren,

---

73 So auch *Potthoff, E./Trescher, K.* (2003), S. 16f., Rn. 61-63.

74 Siehe *Lutter, M./Krieger, G.* (2002), S. 379, Rn. 1016; *Hoffmann, D./Freu, P.* (2003), S. 203, Rn. 801.

75 Vgl. dazu *Potthoff, E./Trescher, K.* (2003), S. 18, Rn. 67f.

bedarf es zwingend einer Fixierung seiner Rechte und Pflichten sowie der Aufgaben in der Satzung bzw. im jeweiligen Gesellschaftsvertrag.[76]

Es ist allerdings nicht erlaubt, den Aufsichtsrat durch Satzungsbestimmungen bezüglich des Beirates in seinen Aufgabenbereichen einzuschränken. Ebenso ist den Mitgliedern eines Beirates nicht gestattet, an Sitzungen des Aufsichtsrates teilzunehmen, es sei denn, sie werden auf ausdrücklichen Wunsch des Aufsichtsrates hinzugezogen.[77]

Eine weitere Form der Unternehmensüberwachung besteht bei Betrieben des öffentlichen Rechts mit dem sogenannten Verwaltungsrat, z. B. bei Sparkassen oder bei großen staatlichen Versorgungsbetrieben. Er hat die Geschäftsführung zu überwachen und ist mit ähnlichen Rechten ausgestattet wie der Aufsichtsrat einer AG.[78] Die Zusammensetzung eines Verwaltungsrates ist stark von den jeweiligen Landesgesetzen abhängig.[79]

---

[76] Ähnlich auch *Potthoff, E./Trescher, K.* (2003), S. 19f., Rn. 73.
[77] Siehe *Hoffmann, D./Preu, P.* (2003), S. 42, Rn. 162.
[78] So auch *Potthoff, E./Trescher, K.* (2003), S. 20f., Rn. 77; *Bellavite-Hövermann, Y./Lindner, G./Lüthje, B.* (2005), S. 244, Rn. 253.
[79] Siehe *Völter, M.* (1999), S. 37f.

3.2 Besonderheiten innerhalb von Konzernstrukturen

3.2.1 Allgemeines zur Konzernüberwachung

Es ist für den Aufsichtsrat von gravierender Bedeutung, ob die zu überwachende Gesellschaft Teil eines Konzerns ist und, wenn ja, ob sie als herrschendes oder als abhängiges Unternehmen Teil des Konzerns ist. Dies hat erhebliche Auswirkungen auf den Überwachungsauftrag eines Aufsichtsrates, da beispielsweise nun im Bereich der Prüfungsaufgaben auch die Vorschriften zur Konzernrechnungslegung relevant sind. Selbstverständlich setzt eine ordnungsgemäße Überwachung innerhalb eines Konzerns, sei es nun in einem abhängigen oder in einem herrschenden Unternehmen, die nötigen Kenntnisse der Konzernstruktur voraus. Insbesondere sollten die Aufsichtsratmitglieder über ausreichende Kenntnisse im Bereich der gesellschafts- und unternehmensvertraglichen Bindungen sowie über den konzerninternen Geschäftsverkehr verfügen.[80]

Die Informationsmöglichkeiten des Aufsichtsrates gestalten sich im Konzern aufgrund der rechtlichen Selbständigkeit der einzelnen Konzernunternehmen mitunter vielfach schwieriger als beim Aufsichtsrat eines Einzelunternehmens.[81]

---

[80] Vgl. *Potthoff, E./Trescher, K.* (2003), S. 63f., Rn. 241; *Bellavite-Hövermann, Y./Lindner, G./Lüthje, B.* (2005), S.121-123, Rn. 114.

[81] So auch *Lutter, M./Krieger, G.* (2002), S. 53, Rn. 134; *Löbbe, M* (2003), S. 258.

3.2.2 Das Überwachungsorgan eines herrschenden Unternehmens

Dem Aufsichtsrat des herrschenden Unternehmens obliegt es, die Geschäftsführung des Konzerns zu überwachen, deshalb wird er oft fälschlicherweise als Konzernaufsichtsrat bezeichnet. De facto ist er allerdings nur Aufsichtsrat des herrschenden Unternehmens.[82]
Da die Geschäftsführung des herrschenden Unternehmens auch auf die abhängigen Unternehmen erheblichen Einfluss hat und diesen in der Regel auch durchaus ausübt, wirkt sich dies auch auf den Aufsichtsrat durch eine Ausweitung seiner Überwachungstätigkeit aus. Allerdings bedeutet dies nicht, dass er die Kontrollaufgaben der Aufsichtsräte der abhängigen Unternehmen ebenfalls zu übernehmen hat, er hat vielmehr seine Überwachungstätigkeiten so auszuführen, als würden die Geschäfte von einem einheitlichen Gesamtunternehmen durchgeführt.[83]

Auf die Überwachungstätigkeit wirkt sich dies in einem erweiterten Umfang entsprechend des Zuständigkeitsgebiets der zu überwachenden Vorstandschaft aus. Zudem hat der Aufsichtsrat eines herrschenden Unternehmens auch die Konzernbildung und Veränderungen in der Konzernstruktur zu kontrollieren, beispielsweise

---

[82] Siehe dazu *Potthoff, E./Trescher, K.* (2003), S. 132, Rn. 500; *Schenck, K. v.* (2004), S. 316f., Rn 37; *Semler, J.* (2004), S. 64, Rn. 309.

[83] Vgl. *Löbbe, M.* (2003), S. 256f.; *Semler, J.* (2004), S. 63, Rn. 300-302.

im Bereich der Ausgliederung von Teilbereichen. Hierbei muss der Aufsichtsrat prüfen, ob gegebenenfalls die Zustimmung der Anteilseigner für die geplante Maßnahme erforderlich ist. Des Weiteren kann der Aufsichtsrat eines herrschenden Unternehmens konzernweit wichtige Entscheidungen an seine Zustimmung binden, so zum Beispiel bei der Bestellung oder Abberufung von Geschäftsführern von Tochtergesellschaften.[84]

Jeder Aufsichtsrat des Konzerns hat seine Überwachungstätigkeit eigenverantwortlich durchzuführen, d. h. eine Arbeitsteilung der Aufgaben ist in keinem Falle vorgesehen. Aus diesem Grunde ist es auch für den Aufsichtsrat des herrschenden Unternehmens zur Erfüllung seines Überwachungsauftrages nicht ausreichend, wenn er sich nur von einer effektiven und ordnungsgemäßen Aufgabenerfüllung der Aufsichtsräte der abhängigen Gesellschaften überzeugt.[85]

3.2.3 Das Überwachungsorgan eines abhängigen Unternehmens

In aller Regel sorgt das herrschende Unternehmen durch seine Machtstellung dafür, dass die Vertreter der Anteilseigner im Auf-

---

84 Ähnlich *Potthoff, E./Trescher, K.* (2003), S. 144-152, Rn. 545-569.
85 Vgl. dazu *Löbbe, M.* (2003), S. 257.

sichtsrat eines abhängigen Unternehmens entweder unmittelbar aus seiner Leitungsebene kommen oder dass sie zumindest das volle Vertrauen der Unternehmensleitung besitzen. Durch den für gewöhnlich starken Einfluss innerhalb des Aufsichtsrats ist das herrschende Unternehmen auch in der Lage, die Besetzung der Geschäftsführungsebene nach seinem Willen zu beeinflussen. Die Einflussmöglichkeiten des herrschenden Unternehmens verstärken sich sogar noch mit Abschluss eines Gewinnabführungs- oder Beherrschungsvertrags.[86]

Der Aufsichtsrat einer abhängigen Gesellschaft behält dennoch seinen eigenständigen Überwachungsauftrag, d. h. er kann in keinem Fall die eigenen Überwachungstätigkeiten mit der Begründung reduzieren, dass bestimmte Sachverhalte bereits vom Aufsichtsrat des herrschenden Unternehmens kontrolliert worden sind. Zumal die beiden Gremien mit unterschiedlichen Rollen betraut sind: So hat der Aufsichtsrat des herrschenden Unternehmens die Konzerninteressen zu verfolgen, der Aufsichtsrat des abhängigen Unternehmens ist hingegen den eigenen Unternehmensinteressen verpflichtet.[87]

---

86 Ähnlich *Potthoff, E./Trescher, K.* (2003), S. 160, Rn. 597; *Semler, J.* (2004), S. 67-70, Rn. 331-345.

87 Siehe auch *Löbbe, M.* (2003), S. 389f.

3.3 Auswirkungen des Mitbestimmungsgrades auf das Überwachungsorgan

3.3.1 Das Betriebsverfassungsgesetz von 1952

Das Betriebsverfassungsgesetz schreibt einen obligatorischen Aufsichtsrat vor, der zu einem Drittel aus Arbeitnehmern besteht, wenn das Unternehmen mehr als 500 Arbeitnehmer dauerhaft beschäftigt. Diese Regelung gilt für Kapitalgesellschaften, Genossenschaften und Versicherungsvereine auf Gegenseitigkeit. Aktiengesellschaften und Kommanditgesellschaften auf Aktien, die vor dem 10.08.1994 entstanden sind, sind von dieser Regelung nicht betroffen, da sie bereits zu einer Besetzung des Aufsichtsrates zu einem Drittel mit Arbeitnehmern bei weniger als 500 Beschäftigten verpflichtet sind, sofern es sich bei ihnen nicht um Familiengesellschaften handelt.[88]

Das Betriebsverfassungsgesetz ist für herrschende Unternehmen eines Konzerns auch anzuwenden, wenn diese Gesellschaft selbst nicht 500 Beschäftigte hat, jedoch zusammen mit den mit ihr verbundenen oder ihr eingegliederten Unternehmen die Beschäftigtenmarke von 500 Personen überschreitet. Ist dies der Fall, so ha-

[88] Vgl. *Potthoff, E./Trescher, K.* (2003), S. 79, Rn. 296.

ben alle im Konzern tätigen Mitarbeiter das aktive und passive Wahlrecht für den Aufsichtsrat des herrschenden Unternehmens.[89]

3.3.2 Das Mitbestimmungsgesetz von 1976

Das Mitbestimmungsgesetz schreibt vor, dass der Aufsichtsrat zur Hälfte aus Arbeitnehmern bestehen muss, wenn es sich bei dem Unternehmen um eine Kapitalgesellschaft oder eine Genossenschaft mit mehr als 2000 Beschäftigten handelt. Zudem ist ein Aufsichtsratsmandat für einen leitenden Angestellten garantiert. Je nach Größe des Aufsichtsrates befinden sich zwei bis drei Gewerkschaftsvertreter unter den Aufsichtsratsmitgliedern der Arbeitnehmerseite. Personengesellschaften betrifft das Gesetz nur im Falle einer KG mit einer Kapitalgesellschaft als Komplementär, wobei die Kommanditisten die Mehrheit an dieser Kapitalgesellschaft halten. Alle anderen Personengesellschaften fallen nicht unter das Mitbestimmungsgesetz.[90] Die Vertreter der Arbeitnehmer müssen dem Unternehmen mindestens seit einem Jahr angehören. Gewerkschafter können nur im Aufsichtsrat vertreten sein, wenn die jeweilige Gewerkschaft selbst in den zur Wahl berechtigten Unternehmen vertreten ist.[91]

---

[89] So auch *Potthoff, E./Trescher, K.* (2003), S. 79, Rn. 299.
[90] Ähnlich *Potthoff, E./Trescher, K.* (2003), S. 80, Rn. 301f.
[91] Siehe dazu *Balser, H./Bokelmann, G./Piorrek, K. F.* (1997), S. 169, Rn. 420.

Das Mitbestimmungsgesetz ist für eine Obergesellschaft eines Konzerns auch dann anzuwenden, wenn die Mitarbeitergrenze von 2000 nur zusammen mit anderen Konzernunternehmen erreicht wird. Das aktive und passive Wahlrecht für den Aufsichtsrat der Muttergesellschaft steht dann allen Beschäftigten des Konzerns zu.[92]

3.3.3 Die Montan-Mitbestimmung

Für Kapitalgesellschaften der Montanindustrie gilt das sogenannte Montanmitbestimmungsgesetz. Hierunter fallen insbesondere Unternehmen des Bergbaus und der Eisen und Stahl erzeugenden Industrie. Der Aufsichtsrat dieser Unternehmen setzt sich paritätisch aus Vertretern von Anteilseignern und Arbeitnehmern zusammen. In der Regel besteht das Gremium aus elf Mitgliedern, wobei das elfte neutrale Mitglied von den zehn gewählten Vertretern der Hauptversammlung zur Wahl vorgeschlagen wird.[93]

Das sogenannte Mitbestimmungsergänzungsgesetz bezieht die Obergesellschaften von Konzernen in die Montanmitbestimmung ein, wenn diese Unternehmen zwar selbst nicht die notwendigen

[92] Vgl. auch *Potthoff, E./Trescher, K.* (2003), S. 80, Rn. 303.

[93] Siehe dazu *Balser, H./Bokelmann, G./Piorrek, K. F.* (1997), S. 170, Rn. 421; *Lutter, M./Krieger, G.* (2002), S. 5f., Rn. 8; *Potthoff, E./Trescher, K.* (2003), S. 83, Rn. 314.

Kriterien des Montanmitbestimmungsgesetzes erfüllen, diese jedoch einen Konzern führen, der durch Unternehmen der Montanindustrie geprägt ist.[94]

[94] Ähnlich *Potthoff, E./Trescher, K.* (2003), S. 82, Rn. 311.

4 Das Aufsichtsratsgremium – Mitglieder, Vorsitzender und Ausschüsse

Das folgende Kapitel widmet sich den verschiedenen Akteuren eines Aufsichtsratsorgans sowie den Besonderheiten bei der Bildung Ausschüssen durch das Gremium.

4.1 Das einzelne Aufsichtsratsmitglied

In den folgenden Unterpunkten werden Fragen bezüglich der Wahl, der Bestellung, der Abberufung und der Amtszeit von Aufsichtsräten behandelt. Hierbei wird auch auf die Möglichkeit einer Entsendung von Aufsichtsratsmitgliedern eingegangen. Zudem werden die Rechte und Pflichten eines Aufsichtsratsmitglieds ausführlich behandelt.

4.1.1 Wahl, Bestellung, Abberufung und Amtszeit von Aufsichtsräten

4.1.1.1 Wählbarkeitsvoraussetzungen

Voraussetzungen bzw. Ausschlussgründe für die Wählbarkeit zum Aufsichtsrat lassen sich sowohl im § 100 des Aktiengesetzes als auch in den gesetzlichen Regelungen zur betrieblichen Mitbestimmung finden. Grundsätzlich muss jedes Aufsichtsratsmitglied eine natürliche, unbeschränkt geschäftsfähige Person sein.[95] Ein Ausschlussgrund von der Wählbarkeit in den Aufsichtsrat ist die sogenannte Mandatshäufung. So sind Personen, die bereits in zehn gesetzlich zu bildenden Aufsichtsräten einen Sitz haben, nicht für ein weiteres Aufsichtsratsmandat wählbar. Positionen als Vorsitzender eines Aufsichtsrates sind dabei doppelt zu rechnen.[96] Der Deutsche Corporate Governance Kodex empfiehlt zudem, dass Personen, die als Vorstand einer börsennotierten Gesellschaft angehören, nicht mehr als fünf Aufsichtsratsmandate in konzernexternen börsennotierten Gesellschaften wahrnehmen sollten.[97] Eine Ausnahme stellen gesetzliche Vertreter einer Konzernobergesellschaft dar, bei ihnen werden bis zu fünf Aufsichtsratssitze in Konzerngesellschaften nicht mit eingerechnet. Ebenfalls eingerechnet werden Sitze in Beiräten oder ähnlichen Gremien sowie Aufsichtsratssitze bei ausländischen Gesellschaften.[98]

Wer gesetzlicher Vertreter eines abhängigen Unternehmens ist, kann nicht gleichzeitig in den Aufsichtsrat des herrschenden Unternehmens gewählt werden.[99] Außerdem ist die sogenannte Überkreuzverflechtung verboten, d. h. es ist nicht zulässig, gesetzliche

95 So auch § 100 Abs. 1 Satz 1 AktG.
96 Vgl. § 100 Abs. 2 Satz 1 Nr. 1 und Satz 3 AktG.
97 Siehe *Deutscher Corporate Governance Kodex* (2006), Ziffer 5.4.5.
98 Ähnlich § 100 Abs. 2 Satz 2 AktG.
99 Siehe dazu § 100 Abs. 2 Satz 1 Nr. 2 AktG.

Vertreter einer Gesellschaft in den Aufsichtsrat zu wählen, wenn bereits im Aufsichtsrat dieser Gesellschaft gesetzliche Vertreter der anderen Gesellschaft vorhanden sind.[100] Ebenso ist es nicht möglich, gleichzeitig der Geschäftsführung und dem Aufsichtsrat anzugehören.[101]

Für die Wählbarkeit als Aufsichtsratsvertreter der Anteilseignerseite kann die Satzung weitere zu erfüllende Voraussetzungen festlegen.[102] Sämtliche Regelungen des Aktiengesetzes zur Wählbarkeit gelten hingegen gleichermaßen für die Vertreter der Anteilseigner wie auch für die Vertreter der Arbeitnehmer. Letztere unterliegen jedoch zusätzlich den Bestimmungen der Mitbestimmungsregelungen. So haben Arbeitnehmervertreter im Aufsichtsrat als Voraussetzungen ein Mindestalter von 18 Jahren sowie eine Betriebszugehörigkeit von mindestens einem Jahr vorzuweisen.[103]

Liegen bei einem Aufsichtsratsmitglied zum Zeitpunkt der Annahme Voraussetzungen vor, die eine Wählbarkeit ausschließen, so gilt die Wahl als nichtig.[104]

---

[100] Vgl. § 100 Abs. 2 Satz 1 Nr. 3 AktG.
[101] So § 105 Abs. 1 AktG.
[102] Siehe dazu § 100 Abs. 4 AktG.
[103] Ähnlich *Hoffmann, D./Preu, P.* (2003), S. 191, Rn. 700.4; *Semler, J.* (2004), S. 94, Rn. 84.
[104] Siehe auch *Balser, H./Bockelmann, G./Piorreck, K. F.* (1997), S.111f., Rn 293.

4.1.1.2 Wahlverfahren und Bestellung

Prinzipiell werden die Mitglieder des Aufsichtsrates von der Hauptversammlung gewählt, zumindest sofern diese nicht durch in der Satzung eingeräumte Rechte in diesen zu entsenden sind oder es sich um Vertreter der Arbeitnehmer handelt, die nach den Regelungen zur Mitbestimmung zu wählen sind.[105] Bei der Aufsichtsratswahl durch die Hauptversammlung ist die einfache Mehrheit der abgegebenen Stimmen ausreichend, es ist jedoch möglich, durch die Satzung die nötigen Mehrheitserfordernisse nach oben hin zu verschärfen.[106] Es ist zulässig, die Wahl als sogenannte Block- oder Listenwahl durchzuführen. Bestimmten Aktionären kann bei der AG mittels Satzung ein Entsenderecht für Mitglieder des Aufsichtsrates eingeräumt werden. Die Anzahl der möglichen entsandten Mitglieder ist auf ein Drittel der Vertreter der Anteilseigner beschränkt.[107] Die Wahl der Arbeitnehmervertreter erfolgt in der Regel als direkte Wahl durch die Arbeitnehmer des Unternehmens. Diese können jedoch auch eine Wahl durch Wahlmänner beschließen; ab 8000 Beschäftigten wird dies sogar vom Gesetzgeber so vorgeschlagen.[108]

---

[105] Vgl. dazu § 101 Abs. 1 Satz 1 AktG.

[106] So § 133 Abs. 1 und 2 AktG.

[107] Ähnlich *Hoffmann, D./Preu, P.* (2003), S. 192, Rn. 702; *Bellavite-Hövermann, Y./Lindner, G./Lüthje, B.* (2005), S. 49f., Rn. 43.

[108] Vgl. dazu auch *Balser, H./Bockelmann, G./Piorreck, K. F.* (1997), S.169f., Rn 420; *Semler, J.* (2004), S. 81f., Rn. 27; *Bellavite-Hövermann, Y./Lindner, G./Lüthje, B.* (2005), S. 51, Rn. 44.

Ist ein Aufsichtsrat nach dem Montanmitbestimmungsgesetz zu bilden, so werden hierbei die Arbeitnehmervertreter ebenfalls von der Hauptversammlung gewählt. Diese ist an die ihr unterbreiteten Wahlvorschläge gebunden und kann diese entweder annehmen oder ablehnen, sie kann jedoch keine eigenen Wahlvorschläge für die Vertreter der Arbeitnehmerseite einbringen.[109]

Es ist nach dem Gesetz zwar nicht möglich, Stellvertreter für Aufsichtsräte zu ernennen, dafür besteht aber die Möglichkeit, für jedes Mitglied ein Ersatzmitglied zu bestellen, das allerdings nur dann für eine ordentliches Mitglied nachrückt, wenn dieses dauerhaft vor Ablauf seiner Amtszeit ausfällt.[110] Dies kann z. B. durch Rücktritt, Abberufung oder Tod eines Mitglieds geschehen. Die Ersatzmitglieder müssen gleichzeitig mit den ordentlichen Organmitgliedern bestellt werden und unterliegen für ihre Bestellung denselben Anforderungen wie die übrigen Aufsichtsräte.[111]

Das Aufsichtsratsamt eines nachgerückten Ersatzmitglieds erlischt spätestens mit dem Ende der Amtszeit des weggefallenen Mitglieds. Es ist aber auch möglich, durch Satzungsbeschluss die

---

[109] Siehe *Hoffmann, D./Preu, P.* (2003), S. 193, Rn. 704; *Semler, J.* (2004), S. 82, Rn. 28; *Bellavite-Hövermann, Y./Lindner, G./Lüthje, B.* (2005), S. 51, Rn. 44.

[110] So auch § 101 Abs. 3 Satz 1 und 2 AktG.

[111] Vgl. dazu § 101 Abs. 3 Satz 3 und 4 AktG.

Amtszeit eines Ersatzmitgliedes bis zur Durchführung einer Nachwahl zu beschränken.[112] Ist der Aufsichtsrat durch den Wegfall eines Mitgliedes an seiner Beschlussfähigkeit gehindert oder gehören dem Aufsichtsrat über einen Zeitraum von mindestens drei Monaten weniger Mitglieder an, als durch Gesetz oder Satzung gefordert, so hat die Bestellung des fehlenden Mitglieds durch ein Gericht zu erfolgen.[113]

4.1.1.3 Abberufung

Die Abberufung von Aufsichtsratsmitgliedern ist jederzeit möglich, das Recht zur Abwahl steht dabei demselben Wahlkörper zu, der auch für die jeweilige Wahl der Aufsichtsratsvertreter zuständig ist. Zur Abberufung ist eine qualifizierte Mehrheit von 75% der abgegebenen Stimmen notwendig.[114]

Für entsandte Aufsichtsratsmitglieder haben die Entsendungsberechtigten jederzeit das Recht, diese durch andere Personen zu ersetzen. Bei Wegfall der Voraussetzungen, die zur Entsendung berechtigten, kann das entsandte Aufsichtsratsmitglied mit einfacher

---

[112] Siehe *Lutter, M./Krieger, G.* (2002), S. 333f., Rn. 885-887; *Hoffmann, D./Preu, P.* (2003), S. 196, Rn. 707; *Semler, J.* (2004), S. 89, Rn. 65.

[113] So auch § 104 Abs. 1 und 2 AktG.

[114] Ähnlich *Potthoff, E./Trescher, K.* (2003), S. 544, Rn. 2280; *Scholz, W.* (2004), S. 685f., Rn. 29-31; *Bellavite-Hövermann, Y./Lindner, G./Lüthje, B.* (2005), S. 53f., Rn. 48.

Mehrheit durch die Hauptversammlung oder die Gesellschafterversammlung abberufen werden.[115]

Durch Satzungsbeschluss können andere Voraussetzungen bzw. Erfordernisse zur Abberufung von Aufsichtsräten festgelegt werden. Außerdem kann die Satzung auch ein Abweichen sowohl nach oben als auch nach unten von der gesetzlich vorgeschlagenen Dreiviertelmehrheit anordnen.[116]

Wenn in der Person ein wichtiger Grund vorliegt, so kann ein Mitglied eines obligatorischen Aufsichtsrates auch durch das zuständige Amtsgericht abberufen werden. Als wichtiger Grund kann beispielsweise eine grobe Pflichtverletzung oder die Unfähigkeit zu einer ordnungsgemäßen Amtsführung angesehen werden.[117] Der Antrag hierfür kann entweder vom Aufsichtsrat oder bei entsandten Mitgliedern auch von Anteilseignern, die über 10% des Grundkapitals bzw. über einen Aktiennennbetrag von 1 Mio. Euro verfügen, gestellt werden.[118]

---

[115] Vgl. *Hoffmann, D./Preu, P.* (2003), S. 197, Rn. 709; *Scholz, W.* (2004), S. 688, Rn. 44-48.

[116] Siehe § 103 Abs. 1 Satz 3 AktG.

[117] Vgl. dazu *Potthoff, E./Trescher, K.* (2003), S. 544, Rn. 2285f.; *Marsch-Barner, R.* (2004), S. 727f., Rn. 71-73; *Scholz, W.* (2004), S. 691f., Rn. 61-64.

[118] Ähnlich *Hoffmann, D./Preu, P.* (2003), S. 198, Rn. 713; *Potthoff, E./Trescher, K.* (2003), S. 545, Rn. 2288; *Bellavite-Hövermann, Y./Lindner, G./Lüthje, B.* (2005), S. 54, Rn. 48.

4.1.1.4 Amtszeit

Der Amtsbeginn, der für die Vertreter der Anteilseigner im Gesetz oder in der Satzung vorgesehen ist, ist zugleich auch der Amtsbeginn aller Aufsichtsratsmitglieder. Der Gesetzgeber sieht dabei eine Höchstgrenze von fünf Jahren für eine Amtszeit vor. Eine Ausnahme hierzu stellt der erste Aufsichtsrat einer Gesellschaft dar, dessen Amtszeit spätestens auf das Ende der Hauptversammlung, die über die Entlastung für das erste Geschäftsjahr beschließt, begrenzt ist.[119]

Die Dauer der Amtszeit bestimmt bei entsandten Aufsichtsräten der Entsendungsberechtigte.[120] Die Amtszeit eines Aufsichtsrates endet außerdem durch Amtsniederlegung oder wenn das Aufsichtsratsmitglied nicht mehr die Voraussetzungen zur Wählbarkeit erfüllt. Des Weiteren führt die Abberufung zum Ende eines Aufsichtsratsmandates ebenso wie die wirksame Anfechtung der Aufsichtsratswahl. Unweigerlich führt auch der Verlust der eigenen Rechtspersönlichkeit eines Unternehmens zu einem vorzeitigen Amtsende des betreffenden Aufsichtsratsgremiums.[121]

---

[119] So auch *Lutter, M./Krieger, G.* (2002), S. 11f., Rn. 25; *Hoffmann, D./Preu, P.* (2003), S. 198f., Rn. 715; *Bellavite-Hövermann, Y./Lindner, G./Lüthje, B.* (2005), S. 52, Rn. 47.

[120] Siehe dazu *Potthoff, E./Trescher, K.* (2003), S. 255, Rn. 1002; *Bellavite-Hövermann, Y./Lindner, G./Lüthje, B.* (2005), S. 53, Rn. 48.

[121] Vgl. auch *Hoffmann, D./Preu, P.* (2003), S. 199-201, Rn. 719-722; *Bellavite-Hövermann, Y./Lindner, G./Lüthje, B.* (2005), S. 53-55, Rn. 48.

Ist ein Aufsichtsratsmitglied nicht mehr in der Lage, seinen Amtspflichten nachzukommen, so ist es verpflichtet, von seinem Amt zurückzutreten. Dasselbe gilt, wenn es im Verlauf der Amtszeit zu einer grundlegenden Kollision mit dem Unternehmensinteresse kommt.[122]

4.1.2 Pflichten von Aufsichtsratsmitgliedern

Jedes Aufsichtsratsmitglied übernimmt mit seinem Amt eine Reihe von Pflichten, die insbesondere im Hinblick auf Haftungsfragen von wesentlicher Bedeutung für es sind. Auf diese Pflichten soll in den folgenden Unterpunkten näher eingegangen werden.

4.1.2.1 Sorgfaltspflicht

Das Aktiengesetz verweist bezüglich der Sorgfaltspflicht ausdrücklich auf die Anwendung der entsprechenden für Vorstände geregelten Vorschriften.[123] Diese haben bei der Ausübung der Geschäftsführung die Sorgfalt eines ordentlichen und gewissenhaften Geschäftsleiters anzuwenden.[124]

---

[122] Ähnlich auch *Potthoff, E./Trescher, K.* (2003), S. 257, Rn. 1009; *Bellavite-Hövermann, Y./Lindner, G./Lüthje, B.* (2005), S. 54f., Rn. 48.

[123] Siehe § 113 Satz 1 AktG.

[124] So § 93 Abs. 1 Satz 1 AktG.

Dies bedeutet übertragen auf einen Aufsichtsrat, dass dieser seine Tätigkeiten mit der Sorgfalt eines ordentlichen und gewissenhaften Aufsichtsrates zu erledigen hat. Um der Sorgfaltspflicht gerecht zu werden, muss ein Aufsichtsratsmitglied auch das Unternehmensinteresse wahren, die Verschwiegenheitspflicht einhalten, seine Mitwirkungspflichten erfüllen sowie den allgemeinen Anforderungen an das Amt des Aufsichtsrates gerecht werden.[125] Auch nach dem Deutschen Corporate Governance Kodex haben Vorstand und Aufsichtsrat die Regeln ordnungsgemäßer Unternehmensführung zu beachten. Verletzen sie diese Sorgfaltspflichten schuldhaft, so haften sie der Gesellschaft gegenüber auf Schadensersatz.[126]

4.1.2.2 Treuepflicht

Alle Mitglieder des Aufsichtsrates sind bei der Ausübung ihres Amtes zur Wahrung der Unternehmensinteressen verpflichtet. Dabei spielt es keine Rolle, ob es sich um Vertreter der Anteilseigner oder Vertreter der Arbeitnehmer handelt. Genauso wenig von Bedeutung ist die Tatsache, ob sie gewählte oder entsandte Aufsichtsratmitglieder sind.[127]

---

[125] Ähnlich *Potthoff, E./Trescher, K.* (2003), S. 225, Rn. 888; *Doralt, P.* (2004), S. 790f., Rn. 5f.; *Semler, J.* (2004), S. 54f., Rn. 254f.

[126] Vgl. dazu *Deutscher Corporate Governance Kodex* (2006), Ziffer 3.8.

[127] Siehe auch *Potthoff, E./Trescher, K.* (2003), S. 234, Rn. 923; *Marsch-Barner, R.* (2004), S. 734-736, Rn. 91-97; *Bellavite-Hövermann, Y./Lindner, G./Lüthje, B.* (2005), S. 42, Rn. 37.

Durch die Treuepflicht sind die Aufsichtsräte verpflichtet, ihre Entscheidungen sowohl unbefangen als auch unabhängig zum Wohle des Unternehmens zu treffen.[128] Auch durch den Deutschen Corporate Governance Kodex sind die Aufsichtsräte dem Unternehmensinteresse verpflichtet. Außerdem wird in ihm explizit festgeschrieben, dass sie weder persönliche Interessen verfolgen noch Geschäftschancen für sich nutzen dürfen, die dem Unternehmen zustehen.[129]

4.1.2.3 Verschwiegenheitspflicht

Damit es zwischen Vorstand und Aufsichtsrat zu einem uneingeschränkten Informationsaustausch kommt, ist eine vertrauliche Basis zwischen beiden unabdingbar. Der Verbleib von vertraulichen Informationen ist zweifelsohne Voraussetzung für eine solche Basis.[130]

Nach § 116 Satz 2 des Aktiengesetzes sind Aufsichtsräte über erhaltene vertrauliche Berichte und vertrauliche Beratungen zur Verschwiegenheit verpflichtet.[131]

---

[128] Ähnlich *Lutter, M./Krieger, G.* (2002), S. 317, Rn. 843; *Doralt, P.* (2004), S. 803, Rn. 47; *Schwalbach, J.* (2004), S. 189.

[129] So auch *Deutscher Corporate Governance Kodex* (2006), Ziffer 5.5.1.

[130] Ähnlich *Doralt, P.* (2004), S. 801f., Rn. 41; *Marsch-Barner, R.* (2004), S. 707f., Rn. 1; *Schwalbach, J.* (2004), S. 189.

[131] Vgl. dazu § 116 AktG.

Zudem verweist Satz 1 des Paragraphen auf die Bestimmungen des § 93 für Vorstände, welcher vorschreibt, dass über vertrauliche Angaben und Geheimnisse der Gesellschaft, d. h. Betriebs- und Geschäftsgeheimnisse, Stillschweigen zu bewahren ist.[132]

Unter Geheimnissen sind der Allgemeinheit unbekannte Tatsachen zu verstehen, die nur einem besonderen Personenkreis bekannt sind und an denen ein objektives Geheimhaltungsbedürfnis von Seiten des Unternehmens besteht. Bei vertraulichen Angaben handelt es sich um Angaben zu allgemein bekannten Tatsachen, die jedoch im Interesse des Unternehmens nicht öffentlich zugänglich gemacht werden sollen.[133]

Die im Gesetz fixierten Ausführungen zur Verschwiegenheit sind weder durch Satzung noch durch Vertrag oder Geschäftsordnung abzumildern oder zu verschärfen. Für jedes Aufsichtsratsmitglied beginnt die Pflicht zur Verschwiegenheit mit der Annahme des Amtes, sie endet jedoch keineswegs mit dem jeweiligen Amtsende, sondern dauert darüber hinaus fort.[134]

---

[132] Siehe hierzu § 93 Abs. 1 Satz 2 AktG.

[133] So *Potthoff, E./Trescher, K.* (2003), S. 228, Rn. 900; *Marsch-Barner, R.* (2004), S. 709-711, Rn. 6-13.

[134] Siehe auch *Potthoff, E./Trescher, K.* (2003), S. 228, Rn. 901; *Marsch-Barner, R.* (2004), S. 725-727, Rn. 61-69; *Bellavite-Hövermann, Y./Lindner, G./Lüthje, B.* (2005), S. 36f., Rn. 27-29.

Die Pflicht zur Verschwiegenheit besteht gegenüber allen Personen, die nicht unmittelbar dem Vorstand oder dem Aufsichtsrat angehören, d. h. sie besteht auch gegenüber den Ersatzmitgliedern. Keine Verschwiegenheitspflicht besteht hingegen zwischen Mitgliedern einzelner Ausschüsse und den Mitgliedern des übrigen Aufsichtsrates, es sei denn, der Aufsichtsratsvorsitzende macht von seinem Recht Gebrauch, anderen Aufsichtsratsmitgliedern den Zugang zu Informationen über die Arbeit eines Ausschusses zu verwehren.[135] Außerdem gibt es einige wenige Ausnahmen, in denen Geheimnisse oder vertrauliche Angaben an Dritte weitergegeben werden dürfen. Beispielsweise wenn es sich um ein Aufsichtsratsmitglied einer Gebietskörperschaft handelt, das seinerseits Bericht an eine Gebietskörperschaft zu erstatten hat. Ebenso dürfen Aufsichtsräte Informationen an Hilfskräfte oder externe Berater weitergeben, soweit deren Verschwiegenheit gesichert ist. Eine weitere Ausnahme ist die Weitergabe aus berechtigtem Eigeninteresse, um unberechtigten Schaden von der eigenen Person abzuhalten.[136]

Auch der Deutsche Corporate Governance Kodex setzt für eine gute Unternehmensführung die Wahrung eines vertraulichen Ver-

---

[135] Vgl. auch *Hoffmann, D./Preu, P.* (2003), S. 82, Rn. 270; *Potthoff, E./Trescher, K.* (2003), S. 231f., Rn. 914; *Bellavite-Hövermann, Y./Lindner, G./Lüthje, B.* (2005), S. 37f., Rn. 31.

[136] Siehe hierzu *Hoffmann, D./Preu, P.* (2003), S. 84-87, Rn. 275-279; *Potthoff, E./Trescher, K.* (2003), S. 233, Rn. 919; *Bellavite-Hövermann, Y./Lindner, G./Lüthje, B.* (2005), S. 38, Rn. 31.

hältnisses zwischen Aufsichtsrat und Vorstandschaft voraus. Zudem fordert der Kodex, dass sämtliche Organmitglieder sicherzustellen haben, dass die von ihnen eingeschalteten Mitarbeiter die Verschwiegenheitspflicht ebenso einhalten.[137]

4.1.2.4 Teilnahme- und Mitwirkungspflichten

Aus der Sorgfaltspflicht lässt sich zugleich eine Reihe weiterer Pflichten für die Arbeit eines Aufsichtsratsmitgliedes ableiten. So sei als Erstes gesagt, dass jedes Mitglied der Pflicht zu einer regelmäßigen Sitzungsteilnahme unterliegt. Eine objektive Verhinderung entbindet den Aufsichtsrat im Einzelfall von dieser Pflicht, er kann jedoch stets seine Stimme schriftlich durch ein anderes Aufsichtsratsmitglied einbringen lassen, wovon er nach Möglichkeit auch Gebrauch machen sollte. Anwesende Mitglieder sind verpflichtet, an den jeweiligen Abstimmungen teilzunehmen.[138]

Der Deutsche Corporate Governance Kodex empfiehlt zudem, im jährlichen Bericht des Aufsichtsrates zu vermerken, ob ein Aufsichtsrat an weniger als der Hälfte der Aufsichtsratssitzungen des Geschäftsjahres teilgenommen hat.[139]

---

[137] So auch *Deutscher Corporate Governance Kodex* (2006), Ziffer 3.5.

[138] Vgl. dazu *Potthoff, E./Trescher, K.* (2003), S. 241f., Rn. 949f.; *Bellavite-Hövermann, Y./Lindner, G./Lüthje, B.* (2005), S. 45, Rn. 41.

[139] Ähnlich *Deutscher Corporate Governance Kodex* (2006), Ziffer 5.4.8.

Eine weitere abgeleitete Pflicht besteht in der Kenntnisnahme und dem sorgfältigen Studium der jeweiligen Beratungsunterlagen. Reichen die erhaltenen Unterlagen für ein Aufsichtsratsmitglied nicht aus, um sich ein Urteil bilden zu können, so unterliegt es in der Folge einer Erkundigungspflicht. Im Rahmen einer solchen Erkundigungspflicht muss ein Aufsichtsrat zum einen all jene Daten anfordern, die er für einzelne Überwachungsaufgaben benötigt und noch nicht durch den Vorstand zur Verfügung gestellt bekommen hat. Zum anderen beinhaltet diese Pflicht auch, dass sich ein Aufsichtsrat alle nötigen wesentlichen Unternehmensinformationen zu beschaffen hat, die er für eine ordnungsgemäße Beurteilung der Unternehmenssituation benötigt.[140]

Des Weiteren besteht für alle Aufsichtsratsmitglieder eine sogenannte Förderungspflicht. Sie besagt, dass jeder Aufsichtsrat seine individuellen Fachkenntnisse und Erfahrungen in die Aufsichtsratsarbeit einbringen und Kollegen, denen im entsprechenden Fachgebiet Kenntnisse fehlen, auf deren Wunsch beratend zur Seite stehen soll.[141]

---

[140] Vgl. auch *Potthoff, E./Trescher, K.* (2003), S. 242f., Rn. 952f.; *Bellavite-Hövermann, Y./Lindner, G./Lüthje, B.* (2005), S. 45f., Rn. 41.

[141] Siehe dazu *Potthoff, E./Trescher, K.* (2003), S. 244., Rn. 959f.; *Bellavite-Hövermann, Y./Lindner, G./Lüthje, B.* (2005), S. 46f., Rn. 41.

Zudem sollen Aufsichtsräte, welche Informationen erhalten, die möglicherweise relevant für den gesamten Aufsichtsrat und seine Überwachungstätigkeiten sind, prüfen, ob und gegebenenfalls in welcher Form sie das Gremium davon zu unterrichten haben.[142]

4.1.3 Rechte von Aufsichtsratsmitgliedern

Um eine ordnungsgemäße Ausführung des Überwachungsauftrages überhaupt erst möglich zu machen, erhält jedes Aufsichtsratsmitglied mit dem Amt eine Reihe von speziellen Rechten, welche die Kompetenzen der Aufsichtsräte stärken und insbesondere deren Informationsversorgung sicherstellen sollen.

4.1.3.1 Teilnahme- und Mitwirkungsrechte

Eine Unterscheidung der Rechte des einzelnen Mitglieds von denen des gesamten Gremiums ist unbedingt erforderlich. Bericht ist von Seiten der Geschäftsführung nur dem Aufsichtsrat als Gremium zu erstatten. Jedes Mitglied hat jedoch die Möglichkeit, einen solchen Berichtsantrag zu Gunsten des Gremiums zu stellen.[143]

---

[142] So auch *Potthoff, E./Trescher, K.* (2003), S. 244f., Rn. 960f.

[143] Ähnlich *Hoffmann, D./Preu, P.* (2003), S. 78, Rn. 262; *Bellavite-Hövermann, Y./Lindner, G./Lüthje, B.* (2005), S. 264, Rn. 699.

Alle Mitglieder des Aufsichtsrates haben das Recht, ordnungsgemäß zu allen Sitzungen des Aufsichtsrates geladen zu werden. Außerdem haben sie das Recht, an allen Sitzungen anwesend zu sein und dort an Aussprachen und Abstimmungen teilzunehmen sowie Anträge zu stellen.[144] Ist ein Aufsichtsrat an der Sitzungsteilnahme verhindert, so kann er durch einen anderen Aufsichtsrat oder einen teilnahmeberechtigten Dritten mittels schriftlicher Stimmabgabe an der Beschlussfassung teilnehmen.[145]

4.1.3.2 Informationsrechte

Um neben der Pflichtberichterstattung durch den Vorstand zusätzliche Informationsmöglichkeiten für den Aufsichtsrat zu schaffen, wurde dieser vom Gesetzgeber diesbezüglich mit einigen Rechten ausgestattet. So haben sowohl der Aufsichtsrat als Gremium als auch jedes einzelne Mitglied jederzeit die Möglichkeit, vom Vorstand die Vorlage von Berichten über Vorgänge, die von erheblicher Bedeutung für das Unternehmen sind, an den Aufsichtsrat zu verlangen.[146]

---

[144] So *Potthoff, E./Trescher, K.* (2003), S. 212, Rn. 830f.; *Bellavite-Hövermann, Y./Lindner, G./Lüthje, B.* (2005), S. 25, Rn. 21.
[145] Vgl. dazu § 108 Abs. 3 AktG.
[146] Siehe § 90 Abs. 3 AktG.

Kein Anspruch auf Berichterstattung besteht jedoch, wenn die Anfrage keinen Funktionsbezug erkennen lässt. Ein Recht auf Berichterstattung besteht gegenüber dem Vorstand folglich nur für solche Fragen, die für den Überwachungsauftrag relevant sind. Im Zweifelsfall muss der Vorstand begründen und belegen, dass der Sachverhalt einer konkreten Frage für die eigentliche Aufsichtsratsarbeit nicht von Bedeutung ist.[147] Aus diesem Grund kann der Aufsichtsrat auch nicht ohne konkreten Anlass an Vorstandssitzungen teilnehmen oder Vorstandsprotokolle anfordern.[148]

Jedes Aufsichtsratsmitglied hat das Recht, die an das Gesamtgremium erstatteten Berichte zur Kenntnis zu nehmen, unabhängig davon, wer den Bericht angefordert hat. Bei schriftlicher Berichterstattung kann zudem die Aushändigung von den einzelnen Mitgliedern verlangt werden. Für den Aufsichtsrat als Gesamtgremium besteht jedoch die Möglichkeit, dieses Recht bei vertraulichen Informationen insofern zu beschränken, dass die Berichtsunterlagen nur in den Räumen der Gesellschaft eingesehen werden dürfen.[149]

---

[147] Ähnlich auch *Potthoff, E./Trescher, K.* (2003), S. 214, Rn. 841; *Bellavite-Hövermann, Y./Lindner, G./Lüthje, B.* (2005), S. 87, Rn. 213.

[148] Siehe auch *Hoffmann, D./Preu, P.* (2003), S. 77, Rn. 260; *Schenck, K. v.* (2004), S. 349, Rn. 164.

[149] Vgl. *Hoffmann, D./Preu, P.* (2003), S. 78, Rn. 262; *Schenck, K. v.* (2004), S. 343f., Rn. 140-144; *Bellavite-Hövermann, Y./Lindner, G./Lüthje, B.* (2005), S. 28, Rn. 22.

Vom Gesetzgeber ist ausdrücklich ein Recht zur Kenntnisnahme von Vorstandsberichten, Jahresabschluss, Lagebericht und Gewinnverwendungsvorschlag, Abhängigkeitsbericht, Konzernabschluss, Prüfungsbericht und Bericht des bisherigen Prüfers für die einzelnen Aufsichtsratsmitglieder festgeschrieben. Zudem steht den Aufsichtsräten nach herrschender Meinung das Recht zur Kenntnisnahme von Beschlussvorlagen des Vorstandes an das Aufsichtsratsorgan ebenso zu, wie das Recht zur Kenntnisnahme von Beschlussvorlagen des Aufsichtsratsgremiums und der Berichte der Aufsichtsratsausschüsse.[150]

Jedes Mitglied des Aufsichtsrats hat außerdem das gesetzlich zugesicherte Recht, Aufsichtsratsprotokolle einzusehen und gegebenenfalls eine Abschrift von ihnen zu verlangen.[151] Zudem sind alle Aufsichtsratsmitglieder jederzeit berechtigt, die Akten des Aufsichtsrats einzusehen, beispielsweise um frühere Vorstandsberichte mit aktuellen Berichten zu vergleichen.[152]

---

[150] Vgl. auch *Potthoff, E./Trescher, K.* (2003), S. 215, Rn. 844.

[151] Siehe dazu § 107 Abs. 2 Satz 4 AktG.

[152] Ähnlich *Potthoff, E./Trescher, K.* (2003), S. 216, Rn. 850; *Lutter, M./Krieger, G.* (2002), S. 263f., Rn. 698.

4.1.3.3 Initiativrechte

Die Rolle eines Aufsichtsratsmitglieds ist nicht auf die Teilnahme an Sitzungen mit vorheriger ausreichender Informationsversorgung beschränkt, sondern sieht durch die Einräumung von Initiativrechten eine aktive Einflussnahme an der Aufsichtsratsarbeit vor. So kann jedes Mitglied von Vorstand und Aufsichtsrat unter Angabe des Zwecks und der Gründe vom Aufsichtsratsvorsitzenden die Einberufung einer Aufsichtsratssitzung verlangen. Die Sitzung hat innerhalb einer Frist von zwei Wochen nach der Einberufung stattzufinden.[153] Kommt der Vorsitzende des Aufsichtsrates diesem Verlangen nicht nach, so kann jedes Mitglied von Vorstand und Aufsichtsrat unter Mitteilung des Sachverhalts und unter Angabe einer Tagesordnung den Aufsichtsrat einberufen.[154]

Aufsichtsratsmitglieder haben zudem das Recht, eine Ergänzung der Tagesordnung einer bereits einberufenen Aufsichtsratssitzung zu verlangen. Wird dieses Verlangen vom Vorsitzenden abgelehnt, kann der Antragsteller eine neue Sitzung einberufen lassen. In diesem Fall muss der Aufsichtsratsvorsitzende entscheiden, ob es im Interesse des Unternehmens zweckmäßiger ist, eine Ergänzung der aktuellen Tagesordnung vorzunehmen oder eine neue Sitzung einzuberufen. Anträge auf Ergänzung müssen so rechtzeitig gestellt

153 So § 110 Abs. 1 AktG.
154 Siehe § 110 Abs. 2 AktG.

werden, dass die Fristen zur Einberufung beachtet werden können.[155]

Der Aufsichtsrat entscheidet grundsätzlich durch Beschluss. Jedes Aufsichtsratsmitglied hat das Recht, im Rahmen von Gesetz, Satzung und Geschäftsordnung durch einen Antrag einen Beschluss des Aufsichtsrats herbeizuführen. Es lassen sich hierbei drei Typen von Anträgen unterscheiden. Erstens Anträge, die sich auf die Ergänzung der Tagesordnung beziehen, zweitens Anträge, die zu einem konkreten Sachverhalt gestellt werden, und drittens Anträge, die die Geschäftsordnung betreffen, beispielsweise ein Antrag auf Vertagung einer Sitzung.[156]

Eine Beschlussfassung kann auch außerhalb einer Sitzung auf schriftlichen, fernmündlichen oder anderen vergleichbaren Formen beruhen, jedoch nur, wenn kein Mitglied des Aufsichtsrates dagegen Widerspruch erhebt. Die einzelnen Aufsichtsräte haben also außerhalb gewöhnlicher Aufsichtsratssitzungen bezüglich der Form der Beschlussfassung ein Vetorecht.[157]

---

[155] So *Lutter, M./Krieger, G.* (2002), S. 263, Rn. 696; *Potthoff, E./Trescher, K.* (2003), S. 217f., Rn. 856; *Bellavite-Hövermann, Y./Lindner, G./Lüthje, B.* (2005), S. 26, Rn. 21.

[156] Ähnlich auch *Potthoff, E./Trescher, K.* (2003), S. 218, Rn. 859; *Bellavite-Hövermann, Y./Lindner, G./Lüthje, B.* (2005), S. 27, Rn. 21.

[157] Vgl. dazu § 108 Abs. 4 AktG.

Ein Recht auf Protokollierung kann dem einzelnen Aufsichtsratmitglied durch Satzung oder Geschäftsordnung oder bei berechtigtem Interesse eingeräumt werden. Dies ist insbesondere dann der Fall, wenn die Protokollierung der Beweissicherung für den Fall einer Haftungsinanspruchnahme dient, z. B. wenn ein Mitglied des Aufsichtsrates gegen einen Beschluss oder Antrag stimmt, den es für fehlerhaft, unzulässig oder gesellschaftsschädigend hält.[158]

4.1.3.4 Sonstige Rechte

Alle Mitglieder des Aufsichtsrates haben die Verpflichtung, an der Hauptversammlung teilzunehmen, in bestimmten Fällen darf eine Teilnahme im Wege der Bild- und Tonübertragung erfolgen.[159] Aufsichtsräte haben in der Aussprache grundsätzlich ein Rederecht, das Einbringen von eigenen Anträgen ist hingegen nicht vorgesehen.[160] Aus dieser prinzipiellen Teilnahmeverpflichtung an der Hauptversammlung ergibt sich für die Aufsichtsräte das Recht, im Vorfeld sämtliche Unterlagen zu erhalten, die auch den übrigen Teilnehmern einer Hauptversammlung zur Verfügung stehen.[161]

---

[158] Siehe hierzu *Potthoff, E./Trescher, K.* (2003), S. 219f., Rn. 864; *Semler, J.* (2004), S. 158, Rn. 107; *Bellavite-Hövermann, Y./Lindner, G./Lüthje, B.* (2005), S. 26, Rn. 21.

[159] So § 118 Abs. 2 AktG.

[160] Vgl. *Potthoff, E./Trescher, K.* (2003), S. 220, Rn. 867; *Bellavite-Hövermann, Y./Lindner, G./Lüthje, B.* (2005), S. 201, Rn. 205.

[161] Vgl. auch *Hoffmann, D./Preu, P.* (2003), S. 120, Rn. 382.

Einem Aufsichtsrat stehen im Rahmen seiner Überwachungstätigkeit vier Arten von Klagerechten zu. Er kann erstens gerichtlich gegen fehlerhafte Beschlüsse der Hauptversammlung oder des Aufsichtsratsorgans vorgehen. Aufsichtsratsbeschlüsse sind grundsätzlich dann fehlerhaft, wenn sie gegen Gesetz oder Satzung verstoßen. Des Weiteren kann ein Aufsichtsrat per Gericht die ordnungsgemäße Besetzung des Überwachungsorgans und des Vorstandes vornehmen lassen. Hierzu gehört auch die Frage, ob die Zusammensetzung des Aufsichtsrates zutreffend vorgenommen worden ist. Drittens hat der Aufsichtsrat die Möglichkeit, die Durchsetzung der eigenen Mitwirkungsrechte einzuklagen, beispielsweise das Rede- oder Stimmrecht aus dem Bereich der Teilnahmerechte. Die vierte Klageart besteht darin, dass einzelne Aufsichtsratsmitglieder Rechte einklagen können, die dem Gesamtgremium zustehen. Hierbei sei insbesondere an Berichtspflichten des Vorstandes oder auch an zustimmungspflichtige Geschäfte gedacht.[162]

4.2 Der Aufsichtsratsvorsitzende und sein(e) Stellvertreter

Der Aufsichtsratsvorsitzende und dessen Stellvertreter nehmen eine Sonderrolle in der Aufsichtsratsarbeit ein. Deshalb sind mit ihrem

[162] Siehe dazu *Lutter, M./Krieger, G.* (2002), S. 264-269, Rn. 699-711; *Potthoff, E./Trescher, K.* (2003), S. 221-224, Rn. 871-885.

Amt auch neben den Rechten und Pflichten von einfachen Mitgliedern auch besondere Rechte und Pflichten verbunden.

4.2.1 Grundlegendes zur Rolle von Vorsitzendem und Stellvertreter(n)

Der Gesetzgeber sieht vor, dass die Mitglieder des Aufsichtsrates aus der Mitte ihres Gremiums einen Vorsitzenden und mindestens einen Stellvertreter wählen. Dem Handelsregister ist daraufhin vom Vorstand zu melden, wer gewählt worden ist.[163]

In der Praxis ist zumeist der Posten des Aufsichtsratsvorsitzenden mit einem Vertreter der Anteilseignerseite und der Posten des ersten Stellvertreters mit einem Aufsichtsratsmitglied der Arbeitnehmerseite besetzt. Diese Aufteilung der Posten darf aus Gründen der Gleichheit aller Aufsichtsratsmitglieder weder vom Gesetzgeber noch von der Satzung so vorgeschrieben werden.[164]

Mit dem Posten des Aufsichtsratsvorsitzenden sind sowohl zusätzliche Rechte und Pflichten als auch zusätzliche Aufgaben verbunden, auf die im folgenden Gliederungsunterpunkt näher eingegangen wird. Allerdings sieht der Gesetzgeber keinerlei besondere

[163] So § 107 Abs.1 Satz 1 und 2 AktG.

[164] Ähnlich *Portisch, W.* (1997),S. 156; *Hoffmann, D./Preu, P.* (2003), S. 21, Rn. 117.

Verantwortung hinsichtlich der Überwachung, der Kontrolle oder der Entscheidungsmitwirkung für den Aufsichtsratsvorsitzenden vor. Eine besondere Rolle kommt dem Vorsitzenden des Aufsichtsrats insoweit zu, als er als Bindeglied zwischen Vorstand und Aufsichtsrat agiert. Aus diesem Grund sollte er regelmäßig Gespräche mit der Vorstandschaft bzw. deren Vorsitzendem oder Sprecher führen.[165]

Ist die Zahl der Stellvertreter nicht durch die Satzung begrenzt, so kann der Aufsichtsrat nach freiem Ermessen die Zahl der Stellvertreter des Aufsichtsratsvorsitzenden festlegen. Zudem kann er die Reihenfolge festlegen, in der die Stellvertreter im Vertretungsfall in die Pflicht genommen werden. Ein Stellvertreter hat nur im Vertretungsfall die Rechte und Pflichten eines Aufsichtsratsvorsitzenden. Er hat jedoch nie das Zweitstimmrecht, das nur dem Vorsitzenden zusteht.[166]

[165] Vgl. hierzu auch *Brauchitsch, E. v.* (1998), S. 304f.; *Deutscher Corporate Governance Kodex* (2006), Ziffer 5.2.

[166] Ähnlich *Lutter, M./Krieger, G.* (2002), S. 207f., Rn. 536; *Potthoff, E./Trescher, K.* (2003), S. 272f., Rn. 1081 und 1085; *Bellavite-Hövermann, Y./Lindner, G./Lüthje, B.* (2005), S. 70, Rn. 62.

4.2.2 Besondere Aufgaben und damit verbundene Rechte und Pflichten eines Aufsichtsratsvorsitzenden

In den Gesetzestexten findet sich relativ wenig zu den besonderen Aufgaben eines Aufsichtsratsvorsitzenden. Seine zusätzlichen Aufgaben ergeben sich vielmehr aus der Natur der Sache eines Vorsitzes und aus in der Praxis gewachsenen Gewohnheitsrechten. Diese besonderen Zuständigkeiten eines Aufsichtsratsvorsitzenden lassen sich in mehrere Aufgabenbereiche einteilen. Erstens in Aufgaben der Verfahrensleitung, zweitens in die Repräsentation des Aufsichtsrats, drittens in administrative Aufgaben und viertens in sonstige mit dem Gremienvorsitz verbundene Aufgaben.[167]

4.2.2.1 Aufgaben der Verfahrensleitung

Eine der Aufgaben der Verfahrensleitung für den Aufsichtsratsvorsitzenden ist die ordentliche Sitzungsvorbereitung. Dabei ist er für die Einberufung zuständig und legt Termin und Ort der Sitzung fest sowie deren Tagesordnung. Hierbei ist der Vorsitzende gleichzeitig mit besonderen Pflichten versehen, da er, wie bereits im Punkt 4.1.1.3 behandelt, auf Antrag eines oder mehrerer Aufsichtsratsmitglieder zur Einberufung einer Sitzung verpflichtet ist. Er hat des Weiteren dafür zu sorgen, dass allen Mitgliedern die erforderlichen

---

[167] Siehe auch *Lutter, M./Krieger, G.* (2002), S. 213f., Rn. 553; *Potthoff, E./Trescher, K.* (2003), S. 260, Rn. 1031; *Bellavite-Hövermann, Y./Lindner, G./Lüthje, B.* (2005), S. 72, Rn. 65.

Unterlagen übermittelt werden bzw. dass diese Gelegenheit erhalten, davon Kenntnis zu nehmen.[168]

Außerdem hat der Aufsichtsratsvorsitzende Ergänzungsanträge zur Tagesordnung entgegenzunehmen und anschließend dafür zu sorgen, dass diese rechtzeitig an die Aufsichtsratsmitglieder verteilt werden. Zudem sollte er sich immer dann zusätzliche Informationen für eine Sitzung beschaffen, wenn er der Meinung ist, dass diese von Aufsichtsratsmitgliedern gewünscht werden und er dies auch selbst für angemessen erachtet. Ebenso kann er vorläufig Auskunftspersonen bzw. Sachverständige vorsorglich für die Sitzung laden.[169]

Als eine weitere wichtige Aufgabe der Verfahrensleitung kann die Leitung der Aufsichtsratssitzungen genannt werden, für die ebenfalls der Vorsitzende des Gremiums verantwortlich ist. Hierzu gehört u. a. die Eröffnung der Sitzung, die Feststellung der Anwesenheit für Fragen der Beschlussfähigkeit, die Entgegennahme von Geschäftsordnungsanträgen, die Leitung von Abstimmungen, das Feststellen und Verkünden von Abstimmungsergebnissen sowie die

---

[168] Ähnlich *Lutter, M./Krieger, G.* (2002), S. 214, Rn. 554; *Potthoff, E./Trescher, K.* (2003), S. 261, Rn. 1032-1034; *Bellavite-Hövermann, Y./Lindner, G./Lüthje, B.* (2005), S. 72, Rn. 66.

[169] So auch *Hoffmann, D./Preu, P.* (2003), S. 141, Rn. 440.

Sorge für eine ordnungsgemäße Protokollführung.[170] Der Aufsichtsratsvorsitzende hat zudem das jeweilige Sitzungsprotokoll zu unterzeichnen.[171]

Außerdem ist der Vorsitzende des Überwachungsgremiums für die Koordination der Arbeit zwischen den einzelnen Ausschüssen und zwischen Ausschüssen und Gesamtgremium verantwortlich. Er ist deshalb befugt, an allen Ausschusssitzungen teilzunehmen, kann jedoch einzelne Aufsichtsratsmitglieder von der Teilnahme an Ausschusssitzungen und gegebenenfalls auch von der Kenntnisnahme von Ausschussunterlagen ausschließen. Für die Übermittlung von Berichten von Vorstandschaft oder Ausschüssen sowie anderer Beratungsunterlagen an die einzelnen Aufsichtsratsmitglieder ist ebenso der Aufsichtsratsvorsitzende verantwortlich.[172]

Der Deutsche Corporate Governance Kodex betont ebenfalls die besondere Stellung des Aufsichtsratsvorsitzenden. So soll dieser in regelmäßigem Kontakt zum Vorsitzenden bzw. Sprecher des Vorstandes stehen und mit ihm die Strategie, die Geschäftsentwicklung und das Risikomanagement des Unternehmens beraten. Er soll zudem vom Vorstand unverzüglich über wichtige Ereignisse infor-

[170] Vgl. dazu *Hoffmann, D./Preu, P.* (2003), S. 141, Rn. 441.
[171] Siehe § 107 Abs. 2 Satz 1 AktG.
[172] Ähnlich *Potthoff, E./Trescher, K.* (2003), S. 263, Rn. 1040-1042.

miert werden. Daraufhin hat er die Mitglieder des Aufsichtsrats zu unterrichten und gegebenenfalls eine außerordentliche Sitzung einzuberufen.[173]

4.2.2.2 Repräsentation des Aufsichtsrats

Zu den besonderen Aufgaben eines Aufsichtsratsvorsitzenden gehört auch die Repräsentation des Aufsichtsrates. So gelten beispielsweise Erklärungen des Vorstandes an den Aufsichtsrat als zugegangen, wenn der Vorsitzende des Gremiums diese erhalten hat.[174]

Für gewöhnlich gilt der Vorsitzende des Aufsichtsrats als ermächtigt, Willenserklärungen für das Organ abzugeben, so z. B. bei der Unterzeichnung eines Anstellungsvertrages oder bei Rechtsgeschäften der Gesellschaft mit Mitgliedern des Geschäftsführungsorgans.[175]

Der Aufsichtsratsvorsitzende hat bei der Hauptversammlung den Bericht des Aufsichtsrats zu erläutern und gegebenenfalls Fragen

---

[173] Vgl. *Deutscher Corporate Governance Kodex* (2006), Ziffer 5.2.

[174] Ähnlich *Lutter, M./Krieger, G.* (2002), S. 214f., Rn. 556; *Potthoff, E./Trescher, K.* (2003), S. 266, Rn. 1053; *Bellavite-Hövermann, Y./Lindner, G./Lüthje, B.* (2005), S. 72f., Rn. 67.

[175] Vgl. auch *Lutter, M./Krieger, G.* (2002), S. 215f., Rn. 559; *Hoffmann, D./Preu, P.* (2003), S. 58f., Rn. 227.1 und 228; *Bellavite-Hövermann, Y./Lindner, G./Lüthje, B.* (2005), S. 74, Rn. 68.

zur Überwachungstätigkeit des Gremiums zu beantworten. Insbesondere sollte der Vorsitzende des Überwachungsorgans bei börsennotierten Gesellschaften bei einem eventuellen Abweichen von den Empfehlungen des Deutschen Corporate Governance Kodex die Gründe und Motive dieser Abweichungen erläutern können.[176]

Auch bei der Erteilung des Prüfungsauftrags vertritt der Aufsichtsratsvorsitzende die zu prüfende Gesellschaft gegenüber dem Abschlussprüfer bzw. gegenüber der Prüfungsgesellschaft.[177]

Im Deutschen Corporate Governance Kodex wird dem Vorsitzenden ebenfalls die Repräsentation des Gesamtgremiums zugeschrieben. So gibt der Kodex vor, dass der Aufsichtsratsvorsitzende die Belange des Gremiums nach außen hin wahrnimmt.[178]

4.2.2.3 Administrative Aufgaben

Selbstverständlich gehören auch Verwaltungsaufgaben in den Verantwortungsbereich eines Aufsichtsratsvorsitzenden. In der Realität ergeben sich regelmäßig sowohl elektronische als auch tatsächliche Aktenbestände, die u. a. aus den Bereichen der Berichterstattung,

---

[176] Siehe *Potthoff, E./Trescher, K.* (2003), S. 266f., Rn. 1056; *Bellavite-Hövermann, Y./Lindner, G./Lüthje, B.* (2005), S. 73, Rn. 67.

[177] So § 111 Abs. 2 Satz 3 AktG.

[178] Ähnlich *Deutscher Corporate Governance Kodex* (2006), Ziffer 5.2.

der Protokollierung und der Entscheidungsfindung stammen. Der Vorsitzende des Aufsichtsrats kann und wird in der Praxis die Erledigung der meisten Verwaltungsaufgaben an den Vorstandsvorsitzenden bzw. dessen Büro übertragen. Dabei muss er jedoch beachten, dass unter Umständen die Mitarbeiter des Vorstandes in Interessenkonflikte geraten können. Im Zweifelsfall sollten daher Dritte mit den Aufgaben betraut werden. Des Weiteren gehören die Ausführung und Umsetzung von Beschlüssen des Aufsichtsrats zu den administrativen Aufgaben des Vorsitzenden. Zur Ausführung von administrativen Aufgaben ist er auch berechtigt, die Gesellschaft gegenüber Dritten zu vertreten, beispielsweise um Tagungsräume anzumieten oder um Auskunftspersonen, Sachverständige oder Kandidaten für die Vorstandsbesetzung einzuladen. [179]

4.2.2.4 Sonstige Aufgaben eines Aufsichtsratsvorsitzenden

Eine besondere Mitwirkung des Organvorsitzenden ist bei der Anmeldung von Kapitalerhöhungen und -herabsetzungen zur Eintragung ins Handelsregister vorgesehen.[180]

Im paritätisch mitbestimmten Aufsichtsrat hat der Vorsitzende immer dann ein Zweitstimmrecht, wenn es bei einer Fragestellung in

---

[179] Vgl. dazu *Potthoff, E./Trescher, K.* (2003), S. 267f., Rn. 1057-1060.

[180] Siehe §§ 184 Abs.1, 188 Abs. 1, 195 Abs. 1, 223 AktG.

zwei durchgeführten Abstimmungen jeweils zur Pattsituation gekommen ist. Gleiches gilt, wenn bei der Wahl oder Abberufung eines Vorstandsmitglieds die erforderliche 2/3-Mehrheit nicht zustande kommt und es nach Vorschlag durch den zuständigen Ausschuss auch nicht zur dann ausreichenden einfachen Mehrheit kommt.[181]

Regelmäßig wird dem Aufsichtsratsvorsitzenden durch die Satzung auch der Vorsitz der Hauptversammlung übertragen. Rechtlich gesehen ist diese Funktion jedoch völlig unabhängig von der Rolle des Aufsichtsrats bzw. dessen Vorsitzendem.[182]

4.3 Die Aufsichtsratsausschüsse

Die folgenden Gliederungspunkte beschäftigen sich mit Aufsichtsratsausschüssen, den verschiedenen Ausschussarten, dem Aufbau und der Zusammensetzung von Ausschüssen und deren Befugnissen.

---

[181] So auch *Potthoff, E./Trescher, K.* (2003), S. 268f., Rn. 1065; *Semler, J.* (2004), S. 154f., Rn. 88-93; *Siebel, U.* (2004), S. 221f., Rn. 114.

[182] Ähnlich *Obermüller, W./Werner, W./Winden, K.* (2001), S. 119f., Rn 9; *Semler, J.* (2004), S. 169, Rn. 164; *Bellavite-Hövermann, Y./Lindner, G./Lüthje, B.* (2005), S. 198f., Rn. 202.

4.3.1 Grundlegendes über die Ausschüsse des Überwachungsgremiums

Der Gesetzgeber sieht vor, dass der Aufsichtsrat aus seiner Mitte einen oder mehrere Ausschüsse als Suborgane bilden kann. Eine ausdrückliche Verpflichtung dazu besteht nach dem Aktiengesetz jedoch nicht. Soll ein Ausschuss eingerichtet werden, so kann dies nur durch das Gesamtgremium geschehen. Die Bildung eines Unterausschusses durch einen bestehenden Ausschuss ist daher nicht möglich. Die Mitglieder eines Ausschusses müssen gleichzeitig auch zwingend Mitglieder des Aufsichtsrats sein.[183]

Eine Empfehlung zur Bildung von fachlich qualifizierten Ausschüssen wird vom Deutschen Corporate Governance Kodex ausdrücklich ausgesprochen, jedoch erfolgt dies in Abhängigkeit von den spezifischen Gegebenheiten des Unternehmens und von der Anzahl seiner Aufsichtsratsmitglieder.[184]

Prinzipiell kann man sagen, dass die Einrichtung von Ausschüssen umso wichtiger ist, je größer ein Aufsichtsrat ist. Durch ihre Bildung bietet sich die Möglichkeit zur intensiveren Analyse und Bearbeitung von komplexen Sachverhalten der anfallenden Aufsichts-

---

183 Ähnlich *Fischbach, D.* (2003), S. 11f.; *Siebel, U.* (2004), S. 243f., Rn. 4-6; *Bellavite-Hövermann, Y./Lindner, G./Lüthje, B.* (2005), S. 75f., Rn. 69.

184 Vgl. *Deutscher Corporate Governance Kodex* (2006), Ziffer 5.3.1.

ratstätigkeit.[185] Zudem bieten sie die Möglichkeit, besonders vertrauliche Fragen in einem kleinen Kreis zu erörtern.[186]

4.3.2 Verschiedene Ausschussarten

Man kann zwei unterschiedliche Formen von Ausschüssen feststellen. Zum einen kann man die Ausschüsse nach ihren Kompetenzen in vorbereitende, überwachende und beschließende Ausschüsse gliedern. Zum anderen können sie auch nach ihrem Beratungsgegenstand unterschieden werden. So haben sich in der Praxis u. a. Präsidial-, Prüfungs-, Personal-, Investitions- und Finanzausschüsse gebildet. Auf die eben genannten Ausschüsse wird in den folgenden Unterpunkten näher eingegangen. In der Realität können jedoch auch noch andere Ausschüsse vorkommen, beispielsweise Umwelt- und Sozialausschüsse, auf die in dieser Arbeit jedoch nicht näher eingegangen wird.

---

[185] Siehe dazu *Potthoff, E.* (1998), S. 369; *Bellavite-Hövermann, Y./Lindner, G./Lüthje, B.* (2005), S. 77f., Rn. 70.

[186] So *Hoffmann, D./Preu, P.* (2003), S. 36, Rn. 147; *Potthoff, E./Trescher, K.* (2003), S. 273, Rn. 1091.

4.3.2.1 Vorbereitende, überwachende und beschließende Ausschüsse

Der Zweck von vorbereitenden Ausschüssen besteht darin, das Gesamtgremium in seinem Arbeitsaufwand zu entlasten und ihm fundierte Verhandlungs- und Beschlussvorschläge zu liefern. Der Aufsichtsrat entscheidet über diese Vorschläge dann in eigener Verantwortung. Vorbereitende Ausschüsse kommen sowohl bei der gestaltenden Überwachung z. B. als Personalausschuss bei der Vorstandsbestellung aber auch bei der begleitenden Überwachung z. B. als Prüfungsausschuss bei der Feststellung des Jahresabschlusses zum Einsatz. Überwachende Ausschüsse dienen dagegen speziell den Aufgaben der Geschäftsführungsüberwachung, beispielsweise im Rahmen der Überwachung von Krediten oder Beteiligungen. Nur der dritten Form, den beschließenden Ausschüssen, werden Entscheidungskompetenzen an Stelle des Aufsichtsrats übertragen. Diese Ausschussform findet sich vorwiegend im Bereich der gestaltenden Überwachung. Selbstverständlich müssen alle zentralen Aufgaben in der Zuständigkeit des Gesamtgremiums verbleiben, insofern ist die Übertragung von Entscheidungskompetenzen in der Praxis durchaus begrenzt.[187]

---

[187] Vgl. dazu *Fischbach, D.* (2003), S.13-16; *Potthoff, E./Trescher, K.* (2003), S. 278f., Rn. 1110-1113; *Siebel, U.* (2004), S. 248-251, Rn. 21-28.

4.3.2.2 Der Präsidialausschuss bzw. das Präsidium

Der Aufsichtsratsvorsitzende und dessen Stellvertreter stellen nicht automatisch das Präsidium dar. Es ist vielmehr eine besondere Art des Ausschusses, über dessen Einrichtung der Aufsichtsrat zu entscheiden hat.[188]

Aufgabe eines Präsidialausschusses ist es, die Aufsichtsratsarbeit zu koordinieren und somit den Aufsichtsratsvorsitzenden bei der Erfüllung seiner besonderen Aufgaben zu unterstützen. Außerdem hat das Präsidium die Beziehungen zwischen Aufsichtsrat und Vorstandschaft aufrechtzuerhalten und zu pflegen. Der Vorsitzende des Aufsichtsrats und dessen Stellvertreter sind nach herrschender Meinung kraft Amtes Mitglieder dieses Ausschusses.[189]

4.3.2.3 Der Prüfungsausschuss

Der Deutsche Corporate Governance Kodex empfiehlt unter Ziffer 5.3.2 ausdrücklich, dass der Aufsichtsrat einen Prüfungsausschuss bzw. ein sogenanntes Audit Committee einrichten soll. Dieses soll sich insbesondere mit Fragen der Rechnungslegung, des Risikomanagements, der Unabhängigkeit des Abschlussprüfers, der Ertei-

[188] Ähnlich *Hoffmann, D./Preu, P.* (2003), S. 19, Rn. 112.

[189] Siehe hierzu *Portisch, W.* (1997),S. 149; *Fischbach, D.* (2003), S.18; *Siebel, U.* (2004), S. 283f., Rn. 135-137.

lung des Prüfungsauftrags, der Bestimmung von Prüfungsschwerpunkten und der Honorarvereinbarung befassen.[190]

Zwar sind alle Aufsichtsratsmitglieder zur eigenen Prüfung von Jahresabschluss, Lagebericht und Gewinnverwendungsvorschlag verpflichtet, dennoch kann in der Praxis davon ausgegangen werden, dass nicht jedes Aufsichtsratsmitglied die dazu nötigen Fachkenntnisse besitzt. Deshalb kann es als durchaus sinnvoll betrachtet werden, einen Prüfungsausschuss einzurichten, der zu einer verbesserten Informationsversorgung des Gesamtgremiums beitragen kann. Der Ausschuss sollte aufgrund seiner personellen Besetzung in der Lage sein, den Bericht des Wirtschaftsprüfers für den Aufsichtsrat aufzuarbeiten und diesem daraufhin die wesentlichen Erkenntnisse daraus mitzuteilen.[191]

4.3.2.4 Der Personalausschuss

Eine weite Verbreitung genießt in der Praxis der Personalausschuss, der insbesondere die Bestellung und Abberufung von Vorstandsmitgliedern vorbereitet. Zudem werden dem Ausschuss für Abschluss, Änderung und Beendigung von Anstellungsverträgen mit Vorstandsmitgliedern häufig auch Entscheidungskompetenzen

[190] Vgl. *Deutscher Corporate Governance Kodex* (2006), Ziffer 5.3.2.

[191] Siehe P*ortisch, W.* (1997),S. 147f.; *Lutter, M./Krieger, G.* (2002), S. 190, Rn. 485; *Bellavite-Hövermann, Y./Lindner, G./Lüthje, B.* (2005), S. 81f., Rn. 75.

eingeräumt. Dem Gesamtgremium obliegt allerdings per Gesetz die Vorstandsbestellung als körperschaftlicher Organisationsakt.[192] Dem Ausschuss können darüber hinaus weitere Aufgaben im Personalbereich zugeteilt werden, so z. B. die Kreditgewährung an Personen der Führungsebene oder die Befreiung von Wettbewerbsverboten für Vorstandsmitglieder. Zudem hat der Personalausschuss die Nachfolgeplanung sicherzustellen, was in der Regel durch die Beobachtung und regelmäßige Beurteilung des Führungsnachwuchses gewährleistet werden soll.[193]

4.3.2.5 Investitions- und Finanzausschüsse

Diese Ausschüsse werden in der Regel im Bereich der zustimmungspflichtigen Geschäfte tätig.[194] Sie sollen das Gesamtgremium bei der Überwachung der Finanz- und Investitionsplanung unterstützen, bei der Kalkulierung von Investitionen beratend tätig sein und prüfen, ob die Finanzierung von Projekten gesichert ist. Außerdem können die im Ausschuss vertretenen Fachleute, z. B. Finanzanalysten, den Aufsichtsrat durch ihr Fachwissen bei der Überwachung von Finanzgeschäften unterstützen.[195]

---

[192] Ähnlich *Lutter, M./Krieger, G.* (2002), S. 133f., Rn. 337; *Fischbach, D.* (2003), S.17; *Siebel, U.* (2004), S. 285-287, Rn. 142-148.

[193] Vgl. dazu *Potthoff, E./Trescher, K.* (2003), S. 278, Rn. 1109; *Bellavite-Hövermann, Y./Lindner, G./Lüthje, B.* (2005), S. 80, Rn. 74.

[194] So auch *Fischbach, D.* (2003), S.19.

[195] Siehe *Portisch, W.* (1997),S. 146.

4.3.3 Aufbau und Zusammensetzung von Ausschüssen

Die Größe eines Ausschusses bestimmt grundsätzlich der Aufsichtsrat, es existiert jedoch vom Gesetzgeber die Mindestvorgabe von zwei Mitgliedern. Für den Fall, dass ein Ausschuss bei einer Kapitalgesellschaft auch beschließend tätig werden soll, müssen ihm mindestens drei Mitglieder angehören. Wurde ein Vermittlungsausschuss gebildet, so ist dieser paritätisch zu besetzen. Der Aufsichtsrat hat bei der Auswahl der Ausschussmitglieder weitestgehend Gestaltungsfreiheit. Die Auswahl muss aber nach dem Ermessen eines ordentlichen und gewissenhaften Aufsichtsrats getroffen werden. Außerdem besteht als weitere Einschränkung das sogenannte Diskriminierungsverbot, welches besagt, dass die Ausschusszugehörigkeit nicht ausschließlich von der Vertreterseite abhängig gemacht werden darf. Ebenso wenig darf ein einzelnes Aufsichtsratsmitglied willkürlich, d. h. ohne einen sachlich hinreichenden Grund von der Mitgliedschaft in einem Ausschuss abgehalten werden.[196]

Die Wahl eines Ausschussvorsitzenden ist zwar gesetzlich nicht vorgeschrieben, in der Praxis ist sie jedoch durchaus üblich. Die Satzung oder die Geschäftsordnung des Aufsichtsrats können fest-

[196] Ähnlich *Lutter, M./Krieger, G.* (2002), S. 247-249, Rn. 632-637; *Potthoff, E./Trescher, K.* (2003), S. 281f., Rn. 1119,1120, 1123 und 1125; *Siebel, U.* (2004), S. 259f., Rn. 55-57.

legen, ob ein Vorsitzender gewählt werden soll und auch ob die Wahl vom Gesamtaufsichtsrat oder von den Ausschussmitgliedern durchgeführt werden soll.[197]

Im Deutschen Corporate Governance Kodex wird zudem empfohlen, dass der Aufsichtsrat fachlich qualifizierte Ausschüsse bildet, die der Steigerung der Effizienz der Aufsichtsratsarbeit und der Behandlung komplexer Sachverhalte dienen sollen. Des Weiteren sollen die Ausschussvorsitzenden regelmäßig dem Aufsichtsrat über die Ausschussarbeit berichten. Außerdem empfiehlt der Kodex ausdrücklich, dass der Vorsitzende des Prüfungsausschusses besondere Kenntnisse und Erfahrungen in der Anwendung von Rechnungslegungsgrundsätzen und internen Kontrollvorgängen besitzt und zudem kein ehemaliges Vorstandsmitglied sein soll.[198]

4.3.4 Befugnisse von Ausschüssen

Auch für die erfolgreiche Ausschussarbeit stellt eine ausreichende Informationsversorgung ein entscheidendes Kriterium dar. Wichtige Informationsquellen sind hierbei Berichtsanforderungen, eigene Ermittlungen und Beratungen durch Sachverständige. Ob ein Aus-

---

[197] Vgl. dazu *Lutter, M./Krieger, G.* (2002), S. 250f., Rn. 640; *Hoffmann, D./Preu, P.* (2003), S. 41, Rn. 160; *Siebel, U.* (2004), S. 265f., Rn. 77 und 79.

[198] Vgl. *Deutscher Corporate Governance Kodex* (2006), Ziffern 5.3.1 und 5.3.2.

schuss zu solchen Maßnahmen befugt ist, entscheidet grundsätzlich der Aufsichtsrat. In der Regel sieht die Einrichtung eines Ausschusses zu bestimmten Aufgaben gleichzeitig die Ermächtigung zur Einholung diesbezüglicher Informationen von der Vorstandschaft vor. Dennoch muss neben dem jeweiligen Ausschuss auch immer der Aufsichtsratsvorsitzende die entsprechenden Vorstandsberichte erhalten. Die Ausschüsse können auch zur ordnungsgemäßen Erfüllung ihrer Aufgaben zu eigenen Ermittlungen ermächtigt werden. Dies kann durch das Gesamtgremium entweder einzelfallbezogen oder pauschal erfolgen. Sollte der Kenntnisstand eines Ausschusses nicht zur Beurteilung eines Sachverhaltes ausreichen, so kann der Ausschuss, mit oder ohne Zustimmung des Aufsichtsrates, einen Sachverständigen zur Beratung hinzuziehen.[199]

---

[199] Siehe dazu *Lutter, M./Krieger, G.* (2002), S. 254f., Rn. 648-651; *Potthoff, E./Trescher, K.* (2003), S. 285-287., Rn. 1136,1137, 1142 und 1144.

5 Der Überwachungsauftrag als zentrale Aufgabe des Aufsichtsrats

Im folgenden Kapitel werden zunächst die verschiedenen Methoden der Überwachung vorgestellt, danach erfolgt ein Überblick über die zugrunde gelegten Überwachungsmaßstäbe. Abschließend werden in diesem Kapitel ausgewählte Überwachungstätigkeiten detailliert behandelt.

5.1 Die Überwachungsmethoden

Bei der Tätigkeit des Aufsichtsrates kann man drei Arten der Überwachung unterscheiden. Die erste Art ist die begleitende Überwachung, die alle Formen von Aufsichtsräten zu verrichten haben. Die zweite Form ist die gestaltende Überwachung, deren Ausprägung und die damit verbundenen Aufgaben für den Aufsichtsrat stark von der Rechtsform des Unternehmens und vom dort herrschenden Mitbestimmungsgrad abhängen. Als dritte und letzte Art besteht die Überwachung durch Prüfung, die wiederum allen Überwachungsgremien gemein ist.[200]

[200] Vgl. dazu *Rössler, S. (2001), S. 437-439; Potthoff, E.* (2003), S. 106; *Potthoff, E./Trescher, K.* (2003), S. 3, Rn. 11.

5.1.1 Die begleitende Überwachung

Charakteristisch für die begleitende Überwachung ist in der Praxis der kontinuierliche Dialog zwischen Aufsichtsrat und Vorstandschaft. Die Geschäftsführung sollte den Aufsichtsrat durch Berichte regelmäßig über das laufende Geschäft informieren. Ist dies nicht in ausreichendem Maß der Fall, so muss der Aufsichtsrat selbst aktiv werden und sich die notwendigen Informationen besorgen. Nach § 90 Abs. 3 des Aktiengesetzes ist der Aufsichtsrat dazu legitimiert, vom Vorstand jederzeit einen Bericht über geschäftliche Vorgänge zu verlangen. Unternehmen, bei denen spezifische Risiken bestehen, bedürfen diesbezüglich auch einer besonderen Aufmerksamkeit von Seiten des Überwachungsgremiums. Der Aufsichtsrat soll im Rahmen der begleitenden Überwachung die Geschäftsführung beraten und dabei auf mögliche Probleme und Gefahren hinweisen.[201] Auch der Deutsche Corporate Governance Kodex geht an mehreren Stellen näher auf die Umsetzung der begleitenden Überwachung ein. So fordert er u. a., dass der Vorstand die strategische Ausrichtung des Unternehmens mit dem Aufsichtsrat abstimmt und den Stand der Strategieumsetzung in regelmäßigen Abständen mit ihm erörtert.[202]

---

[201] Siehe *Potthoff, E.* (2003), S. 106; *Potthoff, E./Trescher, K.* (2003), S. 295, Rn. 1190.

[202] Siehe auch *Deutscher Corporate Governance Kodex* (2006), Ziffer 3.2.

Des Weiteren verlangt der Kodex, dass der Vorstand den Aufsichtsrat regelmäßig, zeitnah und umfassend über alle für das Unternehmen relevanten Fragen der Planung, der Geschäftsentwicklung, der Risikolage und des Risikomanagements informiert.[203]

Als Aufgabe des Überwachungsorgans nennt der Kodex ausdrücklich die Überwachung und Beratung des Vorstandes bei der Leitung des Unternehmens.[204]

5.1.2 Die gestaltende Überwachung

Der Bereich der gestaltenden Überwachung lässt sich unterteilen in Maßnahmen, bei denen der Aufsichtsrat Mitentscheidungsrecht hat, und in solche, bei denen der Aufsichtsrat allein zu entscheiden hat. Zu den Überwachungstätigkeiten der gestaltenden Überwachung gehören u. a. die Feststellung des Jahres- gegebenenfalls auch des Konzernabschlusses, der Bereich der zustimmungspflichtigen Geschäfte, die Personalkompetenz im Vorstandsbereich, die Geschäftsordnungskompetenz für die Geschäftsführung sowie das Vorschlagsrecht zur Wahl des Abschlussprüfers und zur Wahl von Aufsichtsratsmitgliedern.[205]

---

[203] Ähnlich *Deutscher Corporate Governance Kodex* (2006), Ziffer 3.4.
[204] Vgl. dazu *Deutscher Corporate Governance Kodex* (2006), Ziffer 5.1.1.
[205] Ähnlich *Potthoff, E.* (1998), S. 371f.; *Rössler, S.* (2001), S. 442-445.

Der Gesetzgeber räumt bezüglich der gestaltenden Überwachung ausdrücklich die Möglichkeit ein, dass Satzung oder Aufsichtsrat bestimmte Arten von Geschäften an die Zustimmung des Aufsichtsrats knüpfen.[206]

Auch der Bereich der gestaltenden Überwachung wird im Deutschen Corporate Governance Kodex behandelt. Er gibt vor, dass der Aufsichtsrat in Entscheidungen einzubinden ist, sofern diese von grundlegender Bedeutung für das Unternehmen sind.[207] Für Geschäfte von grundlegender Bedeutung legen die Satzung oder der Aufsichtsrat des Unternehmens Zustimmungsvorbehalte zugunsten des Überwachungsgremiums fest.[208] Ebenso liegt nach dem Kodex die Personalkompetenz bezüglich der Bestellung und Abberufung von Vorstandsmitgliedern beim Aufsichtsrat.[209]

5.1.3 Die Überwachung durch Prüfung

Es gibt zwei Blöcke, in die man die Überwachung durch Prüfung einteilen kann. Zum einen die Prüfung des Jahresabschlusses und gegebenenfalls auch des Konzernabschlusses, die in der Regel auf der Grundlage der vom Wirtschaftsprüfer vorgelegten Prüfungsbe-

---

[206] So auch § 111 Abs. 4 Satz 2 AktG.
[207] Siehe hierzu *Deutscher Corporate Governance Kodex* (2006), Ziffer 5.1.1.
[208] Vgl. *Deutscher Corporate Governance Kodex* (2006), Ziffer 3.3.
[209] So *Deutscher Corporate Governance Kodex* (2006), Ziffer 5.1.2.

richte erfolgen. Zum anderen die Prüfung von Vorgängen und Geschäftsvorfällen, die unterjährig durch Unklarheiten eine vertiefende Prüfung notwendig machen, beispielsweise bei Unklarheiten in Vorstandsberichten.[210] Diesem Umstand trägt auch das Aktiengesetz in § 111 Rechnung. Es sieht vor, dass der Aufsichtsrat Bücher und Schriften der Gesellschaft sowie Vermögensgegenstände einsehen und prüfen kann.[211] Des Weiteren hat das Gremium den Jahresabschluss, den Lagebericht, den Gewinnverwendungsvorschlag sowie bei Mutterunternehmen den Konzernabschluss und den Konzernlagebericht zu prüfen.[212] Auch der Deutsche Corporate Governance Kodex sieht die Prüfung des Konzernabschlusses durch Abschlussprüfer und Aufsichtsrat vor.[213]

5.2 Die Überwachungsmaßstäbe

Bei seinen Überwachungstätigkeiten hat das Aufsichtsratsgremium darauf zu achten, dass die Unternehmensleitung die Sorgfalt eines ordentlichen und gewissenhaften Geschäftsleiters beachtet. Um dies beurteilen zu können, sollte sich der Aufsichtsrat besonders der folgenden fünf Überwachungsmaßstäbe bedienen.

---

[210] Ähnlich *Potthoff, E.* (2003), S. 106f.
[211] Siehe § 111 Abs. 2 Satz 1 AktG.
[212] Vgl. hierzu § 171 Abs. 1 Satz 1 AktG.
[213] So auch *Deutscher Corporate Governance Kodex* (2006), Ziffer 7.1.2.

5.2.1 Das Unternehmensinteresse

Den zentralen Ausrichtungspunkt für das Handeln der Geschäftsführung bzw. der Vorstandschaft stellt das Unternehmensinteresse dar. In der Praxis stellt sich durchaus die Frage, was als Unternehmensinteresse angesehen wird. Es sei hier nur die Problematik von divergierenden Aktionärs- und Arbeitnehmerinteressen genannt. Einfacher ist es, wenn in der Satzung ein konkreter Unternehmenszweck festgeschrieben ist. Die Formulierung der Ziele und die Festlegung der Strategien zur Zielerreichung sind dann von der Unternehmensleitung entsprechend des Unternehmenszwecks auszurichten.[214]

5.2.2 Die Rechtmäßigkeit bzw. Legalität

Einen weiteren Eckpunkt der Überwachung der Unternehmensleitung durch den Aufsichtsrat stellt die Legalität dar. Die Vorstandschaft bzw. die Geschäftsführung eines Unternehmens muss dafür Sorge tragen, dass weder bei der Leitung des Unternehmens noch durch das Handeln des Unternehmens als Ganzes gegen die Unternehmenssatzung oder gegen geltende Gesetze, Vorschriften und Normen verstoßen wird.[215]

---

214 Siehe *Portisch, W.* (1997), S. 123-125; *Potthoff, E./Trescher, K.* (2003), S. 128-130, Rn. 482-487; *Schenck, K. v.* (2004), S. 339, Rn. 127f.

215 Vgl. dazu *Kittner, M./Köstler, R./Zachert, U.* (1995), S. 231, Rn. 531; *Portisch, W.* (1997), S. 121; *Potthoff, E./Trescher, K.* (2003), S. 130, Rn. 490.

Ebenso müssen von der Unternehmensleitung die in der Satzung vorgegebenen Vorschriften beachtet werden. Sie muss sich außerdem an Leitlinien der Gesellschaft und an die Geschäftsordnung halten. Werden vom Aufsichtsrat Verstöße festgestellt, so hat er diesbezüglich korrigierend einzugreifen, um möglichen Schaden von der Gesellschaft abzuwenden. Er sollte dabei beachten, dass auch zunächst geringfügige Verstöße in ihren Auswirkungen zu gravierenden ideellen und materiellen Schäden führen können.[216]

5.2.3 Die Ordnungsmäßigkeit

Der Maßstab der Ordnungsmäßigkeit umfasst das Handeln des Vorstandes bzw. der Geschäftsführung. Dazu gehört insbesondere die Einhaltung von Verfahrensregeln, die aus Gesetzen, Satzung oder Geschäftsordnung stammen, sowie die Einhaltung von kaufmännischen Sorgfaltsregeln, beispielsweise in den Bereichen der Unternehmensplanung oder der Darstellung von Vermögens-, Finanz- und Ertragslage. Außerdem ist für eine angemessene Organisation der Gesellschaft zu sorgen, d. h. Schlüsselpositionen im Unternehmen sind mit fachlich qualifizierten Personen zu besetzen. Zudem hat der Vorstand ein ordnungsgemäßes Rechnungswesen einzurichten und muss eine termingerechte und vollständige Be-

[216] So *Lutter, M./Krieger, G.* (2002), S. 27f., Rn. 72f.; *Schenck, K. v.* (2004), S. 337, Rn. 121; *Bellavite-Hövermann, Y./Lindner, G./Lüthje, B.* (2005), S. 102, Rn. 95.

richterstattung an den Aufsichtsrat gewährleisten.[217] Die Prüfung der Ordnungsmäßigkeit bezieht sich auch darauf, ob wichtige Entscheidungen von der Unternehmensleitung gut vorbereitet werden und ob diesbezüglich eine angemessene Dokumentation vorgenommen wird.[218]

5.2.4 Die Zweckmäßigkeit

Ein weiterer wichtiger Punkt der Überwachung ist die Zweckmäßigkeit. Damit der Aufsichtsrat überhaupt beurteilen kann, ob von der Unternehmensführung angeordnete Maßnahmen zweckmäßig sind oder nicht, müssen Ziele und Zweck des Unternehmens klar formuliert sein. Dazu sollte in einer Effektivitätsprüfung untersucht werden, ob die eingesetzten Mittel in einem sinnvollen Verhältnis zum angestrebten Zweck stehen.[219] Die Geschäftsführung bzw. die Vorstandschaft hat sich bei der Auswahl ihrer Maßnahmen an dem jeweils gewünschten Ergebnis zu orientieren und dabei die eingesetzten Mittel an dem angestrebten Ziel auszurichten.[220]

---

[217] Ähnlich *Kittner, M./Köstler, R./Zachert, U.* (1995), S. 231, Rn. 531; *Portisch, W.* (1997), S. 121; *Potthoff, E./Trescher, K.* (2003), S. 130f., Rn. 491f.

[218] Vgl. dazu *Schenck, K. v.* (2004), S. 337, Rn. 120; *Bellavite-Hövermann, Y./Lindner, G./Lüthje, B.* (2005), S. 103, Rn. 95.

[219] So *Portisch, W.* (1997),S. 122; *Potthoff, E./Trescher, K.* (2003), S. 131, Rn. 493; *Schenck, K. v.* (2004), S. 339, Rn. 126.

[220] Siehe hierzu *Potthoff, E./Trescher, K.* (2003), S. 131, Rn. 494; *Bellavite-Hövermann, Y./Lindner, G./Lüthje, B.* (2005), S. 103, Rn. 95.

5.2.5 Die Wirtschaftlichkeit

Die Wirtschaftlichkeit als letzter wichtiger Maßstab der Überwachung steht regelmäßig in enger Verbindung zum Maßstab der Zweckmäßigkeit. Die Unternehmensleitung muss bei allen Entscheidungen das Verhältnis von Kosten und Nutzen der zur Auswahl stehenden Alternativen vergleichen und letztlich die wirtschaftlichste Möglichkeit ergreifen.[221] Prinzipiell bestehen immer zwei Möglichkeiten des wirtschaftlichen Handelns. Man kann einerseits versuchen, eine Zielvorgabe mit minimalem Mitteleinsatz zu verwirklichen, andererseits kann man aber auch versuchen, mit gegebenen Mitteln ein maximales Ergebnis zu erzielen. Im Mittelpunkt solcher Betrachtungen stehen in der Praxis zumeist Investitionsentscheidungen, bei denen die größte Schwierigkeit in der Beurteilung von Prognosewerten liegt, beispielsweise bei der Frage der Bewertung des Nutzens einer Werbekampagne.[222]

Der Aufsichtsrat hat sich ebenso davon zu überzeugen, dass die Geschäftsführung die Ertragskraft, die angemessene Finanzierung sowie die Sicherung der Liquidität der Gesellschaft bei all ihren Entscheidungen vor Augen hat.[223]

---

[221] Ähnlich *Bellavite-Hövermann, Y./Lindner, G./Lüthje, B.* (2005), S. 103, Rn. 95.

[222] Vgl. auch *Portisch, W.* (1997),S. 121f.; *Potthoff, E./Trescher, K.* (2003), S. 131, Rn. 494; *Schenck, K. v.* (2004), S. 338f., Rn. 125.

[223] Ähnlich *Lutter, M./Krieger, G.* (2002), S. 32, Rn. 83.

5.3 Einige ausgewählte Überwachungstätigkeiten

Sicherlich würde eine komplette Vorstellung aller Überwachungstätigkeiten des Aufsichtsratsgremiums den Rahmen dieser Arbeit sprengen, deshalb soll an dieser Stelle lediglich ein Überblick über einzelne ausgewählte Punkte dieses Aufgabengebiets erfolgen.

5.3.1 Grundlegendes zum allgemeinen Überwachungsgegenstand

Der Gesetzgeber hat im Aktienrecht die Überwachung der Geschäftsführung als zentrale Aufgabe des Aufsichtsgremiums definiert.[224] Sie umfasst dabei sowohl Aufsicht und Kontrolle als auch Beratung der Vorstandschaft bzw. der Geschäftsführung. Der Aufsichtsratsüberwachung unterliegen alle Geschäftsführungsmaßnahmen, die zum Pflichtenkreis des Vorstandes gehören.[225] Die Überwachungstätigkeit soll sich in der Praxis jedoch keineswegs als eine reine „ex-post-Kontrolle" erweisen, vielmehr soll ebenso auch eine simultane und eine „ex-ante-Überwachung" erfolgen.[226] Diesem Umstand hat der Aufsichtsrat bei seinen verschiedenen Überwachungstätigkeiten Rechnung zu tragen.

---

[224] Siehe hierzu § 111 Abs. 1 AktG.

[225] So *Lutter, M./Krieger, G.* (2002), S. 23, Rn. 62; *Roth, G. H./Wörle, U.* (2004), S. 567; *Bellavite-Hövermann, Y./Lindner, G./Lüthje, B.* (2005), S. 101f:, Rn. 94.

[226] Ähnlich *Hofmann, R.* (1998), S. 60; *Theisen, M. R.* (2002), S. 126; *Hucke, A.* (2003), S. 119.

5.3.2 Die Personalkompetenzen des Aufsichtsrats

Zweifelsohne gehören die Bestellung von Vorstandschaft bzw. Geschäftsführung zu den besonders verantwortungsvollen Aufgaben des Überwachungsgremiums. Die Qualität der Personalauswahl hat in der Praxis häufig entscheidenden Einfluss auf das Schicksal des betroffenen Unternehmens. Aus diesem Grund haftet auch jedes Aufsichtsratsmitglied persönlich für Schäden, die dem Unternehmen durch unsachgemäße Bestellungsbeschlüsse entstehen.[227]

Das Aufsichtsratsgremium ist zwingend bei der AG, der paritätisch mitbestimmten GmbH und Genossenschaft sowie beim Versicherungsverein auf Gegenseitigkeit für die Bestellung und den Widerruf von Vorstandsmitgliedern bzw. Geschäftsführern zuständig. Weder Satzung noch Aufsichtsratsbeschluss können diese Personalkompetenz vom Aufsichtsrat an ein anderes Organ übertragen, beispielsweise an die Hauptversammlung. Die abschließende Entscheidung muss der Aufsichtsrat als Gesamtgremium wahrnehmen, ein etwaiger Personalausschuss kann diesbezüglich nur vorbereitend tätig sein.[228]

---

[227] Vgl. *Lutter, M./Krieger, G.* (2002), S. 131, Rn. 331; *Hoffmann, D./Preu, P.* (2003), S. 44, Rn. 200; *Bellavite-Hövermann, Y./Lindner, G./Lüthje, B.* (2005), S. 176f:, Rn. 178.

[228] Ähnlich *Lutter, M./Krieger, G.* (2002), S. 133f., Rn. 337; *Potthoff, E./Trescher, K.* (2003), S. 385f., Rn. 1583; *Semler, J.* (2004), S. 13, Rn. 43.

Vor einer Bestellung sind für die jeweiligen Vorstandsmitglieder Anforderungsprofile festzulegen, außerdem sind die ihnen zugedachten Aufgabenbereiche zu überprüfen und gegebenenfalls abzuändern.[229] Der Gesetzgeber schreibt vor, dass der Aufsichtsrat die Vorstandsmitglieder auf höchstens fünf Jahre bestellt. Eine erneute Bestellung bzw. eine Verlängerung der Amtszeit um jeweils weitere fünf Jahre ist zulässig.[230] Umfasst der Vorstand mehrere Mitglieder, so kann vom Aufsichtsrat ein Vorstandsmitglied zum Vorstandsvorsitzenden ernannt werden.[231] Der Aufsichtsrat hat sowohl außerplanmäßige als auch planmäßige Vakanzen im Vorstandsbereich bei seinen Personaltätigkeiten zu berücksichtigen. Im Rahmen der Nachfolgeplanung sollte das Aufsichtsgremium deshalb auch immer die zweite und dritte Leitungsstufe im Unternehmen im Auge behalten.[232] Der Deutsche Corporate Governance Kodex empfiehlt ebenfalls, dass der Aufsichtsrat gemeinsam mit dem Vorstand für eine langfristige Nachfolgeplanung sorgen soll.[233]

Das Aufsichtsratsgremium kann einen Widerruf der Bestellung aussprechen, wenn dafür ein wichtiger Grund vorliegt. Beispiele

---

229 So auch *Lutter, M./Krieger, G.* (2002), S. 136f., Rn. 341; *Potthoff, E.* (2003), S. 108.

230 Siehe § 84 Abs. 1 Satz 1 und 2 AktG; *Deutscher Corporate Governance Kodex* (2006), Ziffer 5.1.2.

231 So § 84 Abs. 2 AktG.

232 Vgl. dazu *Brauchitsch, E. v.* (1998), S. 306; *Bellavite-Hövermann, Y./Lindner, G./Lüthje, B.* (2005), S. 178, Rn. 178.

233 *Deutscher Corporate Governance Kodex* (2006), Ziffer 5.1.2.

können hierfür Unfähigkeit, grobe Pflichtverletzung oder der Vertrauensentzug durch die Hauptversammlung aus sachlichem Grund sein.[234]

Vom Widerruf zu unterscheiden ist die sogenannte Suspendierung, die eine vorübergehende Maßnahme darstellt. Sie bedarf ebenfalls eines wichtigen Grunds als Voraussetzung, beispielsweise schwerwiegende Verdachtsmomente für eine gravierende Pflichtverletzung. Der Suspendierte bleibt bis zur endgültigen Klärung im Amt, seine Rechte und Pflichten ruhen jedoch in dieser Zeit.[235]

Ebenfalls in die Personalkompetenzen des Aufsichtsrats fallen der Abschluss und die Gestaltung von Anstellungsverträgen, die einen selbständigen Rechtsakt neben der Bestellung darstellen. Das Aufsichtsgremium kann darin u. a. die Vergütung, den Urlaubsanspruch sowie die Nebenleistungen von Vorstandsmitgliedern regeln.[236] Auch das Erlassen einer Geschäftsordnung für den Vorstand ist Teil der Personalkompetenzen des Aufsichtsrats. Dieser kann darin u. a. die Ressortverteilung, Vertretungsregelungen, Sit-

---

[234] Siehe dazu § 84 Abs. 3 Satz 1 und 2 AktG.

[235] Vgl. auch *Lutter, M./Krieger, G.* (2002), S. 151-153, Rn. 377-381; *Hoffmann, D./Preu, P.* (2003), S. 51, Rn. 217; *Potthoff, E./Trescher, K.* (2003), S. 388, Rn. 1592f.

[236] Siehe hierzu *Portisch, W.* (1997), S. 128; *Lutter, M./Krieger, G.* (2002), S. 154, Rn. 383; *Bellavite-Hövermann, Y./Lindner, G./Lüthje, B.* (2005), S. 180f:, Rn. 183.

zungsmodalitäten und Regelungen zur Beschlussfähigkeit im Vorstandsbereich festlegen.[237]

5.3.3 Der Bereich der zustimmungspflichtigen Geschäfte

Der Gesetzgeber sieht im Aktiengesetz ausdrücklich vor, dass entweder die Satzung oder das Überwachungsgremium bestimmte Arten von Geschäften festzulegen hat, die nur mit Zustimmung des Aufsichtsrats vorgenommen werden dürfen.[238]

Der Aufsichtsrat ist somit verpflichtet, diesbezüglich einen Katalog für den Vorstand zu erlassen, sofern dieser nicht bereits in der Satzung enthalten ist. Zumeist geschieht dies innerhalb der Geschäftsordnung für den Vorstand, der Aufsichtsrat kann jedoch bei Bedarf auch Geschäftsarten außerhalb der Geschäftsordnung durch Beschluss des Gremiums festlegen. Er kann auch ad hoc ein Einzelgeschäft von gravierender Bedeutung an seine Zustimmung binden.[239] Es muss sich jedoch in jedem Fall um Geschäfte von grundlegender Bedeutung handeln. Was im Einzelfall als grundlegend gilt, wurde vom Gesetzgeber aufgrund der starken Unterschiede bei Unter-

[237] Ähnlich *Lutter, M./Krieger, G.* (2002), S. 173f., Rn. 428-430; *Siebel, U.* (2004), S. 127, Rn. 62; *Bellavite-Hövermann, Y./Lindner, G./Lüthje, B* (2005), S. 186f:, Rn. 192.

[238] Siehe dazu § 111 Abs. 4 Satz 2 AktG.

[239] Vgl. *Hoffmann, D./Preu, P.* (2003), S. 89f., Rn. 301-304; *Potthoff, E./Trescher, K.* (2003), S. 431, Rn. 1755; *Kropff, B.* (2004), S. 389, Rn.21-23.

nehmen verschiedener Größe, Branche etc. nicht genauer definiert.[240]

Bei der Festlegung von zustimmungspflichtigen Geschäften ist darauf zu achten, dass dem Vorstand zum einen genügend Gestaltungsfreiraum verbleibt, zum anderen dürfen auch nicht Geschäfte im Katalog ausgelassen werden, die gegebenenfalls existenzbedrohende Auswirkungen haben können.[241]

Auch der Deutsche Corporate Governance Kodex sieht einen Zustimmungsvorbehalt für Geschäfte von grundlegender Bedeutung zugunsten des Aufsichtsrats vor. Diesbezüglich nennt der Kodex explizit Entscheidungen oder Maßnahmen, die die Vermögens-, Finanz- oder Ertragslage des Unternehmens grundlegend verändern.[242]

In der Praxis enthalten die Kataloge u. a. Zustimmungsvorbehalte bezüglich der Unternehmensplanung, der Festlegung und Änderung der Unternehmens- und Konzernstruktur, des Erwerbs oder der Veräußerung von Beteiligungen, Grundstücken oder Immobilien ab

---

[240] Ähnlich *Potthoff, E./Trescher, K.* (2003), S. 431, Rn. 1755; *Kropff, B.* (2004), S. 385, Rn.7; *Bellavite-Hövermann, Y./Lindner, G./Lüthje, B.* (2005), S. 120, Rn. 112.

[241] Siehe auch *Bellavite-Hövermann, Y./Lindner, G./Lüthje, B.* (2005), S. 120, Rn. 113.

[242] So *Deutscher Corporate Governance Kodex* (2006), Ziffer 3.3.

einer gewissen Größenordnung, der Aufnahme oder Gewährung von Krediten, Anleihen oder sonstigen Finanzinstrumenten ab einer gewissen Größenordnung sowie der Gründung von Niederlassungen oder Tochtergesellschaften.[243]

Im Rahmen der Überwachungsaufgabe sind die zustimmungspflichtigen Geschäfte durchaus etwas differenziert zu betrachten. Einerseits dürfen dem Aufsichtsrat nach geltendem Recht keine Geschäftsführungsaufgaben übertragen werden, andererseits wird er gerade durch das Gebot zur Aufstellung eines Katalogs von zustimmungspflichtigen Geschäften dazu gezwungen, Einfluss auf Maßnahmen der Unternehmensleitung zu nehmen.[244]

5.3.4 Der Jahres- und Konzernabschluss und damit verbundene Aufgaben

Tätigkeiten, die im Zusammenhang mit dem Jahresabschluss und mit dem gegebenenfalls auch aufzustellenden Konzernabschluss stehen, haben im Rahmen der Überwachungsaufgabe des Aufsichtsrats einen hohen Stellenwert.[245] Der Aufsichtsrat hat gemäß

---

[243] Vgl. hierzu *Potthoff, E./Trescher, K.* (2003), S. 433, Rn. 1764; *Bellavite-Hövermann, Y./Lindner, G./Lüthje, B.* (2005), S. 121, Rn. 113.

[244] Siehe *Hoffmann, D./Preu, P.* (2003), S. 89f., Rn. 302; *Bellavite-Hövermann, Y./Lindner, G./Lüthje, B.* (2005), S. 118f., Rn. 111.

[245] So auch *Hoffmann, D./Preu, P.* (2003), S. 92, Rn. 306; *Bellavite-Hövermann, Y./Lindner, G./Lüthje, B.* (2005), S. 135, Rn. 121.

des Aktiengesetzes den Jahresabschluss, den Lagebericht und den Gewinnverwendungsvorschlag sowie gegebenenfalls den Konzernabschluss und den Konzernlagebericht, soweit diese aufzustellen sind, zu prüfen. Die entsprechenden Unterlagen sind dem Überwachungsgremium vom Vorstand zur Verfügung zu stellen.[246] Unterliegt das Unternehmen der Prüfungspflicht, so ist der Aufsichtsrat zuständig, den Prüfungsauftrag dem von der Hauptversammlung gewählten Abschlussprüfer zu erteilen.[247] Das Aufsichtsorgan legt zudem die Inhalte des Prüfungsauftrags bzw. Prüfungsschwerpunkte für die Prüfung durch den Abschlussprüfer fest.[248]

Das Überwachungsgremium kann sich jedoch nicht ausschließlich auf die Ergebnisse des Abschlussprüfers stützen, sondern muss ebenso eine eigenständige Prüfung vornehmen.[249] Diese beschränkt sich in der Praxis jedoch auf eine Plausibilitätsprüfung, da eine zweite Abschlussprüfung in ihrem Umfang vom Aufsichtsrat nicht durchgeführt werden kann. Das Überwachungsgremium sollte den Prüfungsbericht und die Vorlagen des Vorstandes kritisch durchar-

---

246 Vgl. *Potthoff, E./Trescher, K.* (2003), S. 335, Rn. 1350; *Bellavite-Hövermann, Y./Lindner, G./Lüthje, B.* (2005), S. 135f., Rn. 122.

247 Ähnlich *Hoffmann, D./Preu, P.* (2003), S. 93f., Rn. 310; *Potthoff, E./Trescher, K.* (2003), S. 336, Rn. 1356; *Kropff, B.* (2004), S. 426-429, Rn.150-154.

248 Vgl. dazu *Lutter, M./Krieger, G.* (2002), S. 67, Rn. 173; *Potthoff, E./Trescher, K.* (2003), S. 337, Rn. 1359; *Kropff, B.* (2004), S. 429, Rn.155.

249 Siehe *Bellavite-Hövermann, Y./Lindner, G./Lüthje, B.* (2005), S. 137, Rn. 123.

beiten, insbesondere Hinweise und Einwendungen des Abschlussprüfers aufgreifen und diese bzw. ihre Gründe mit ihm und dem Vorstand erörtern.[250]

Der Gesetzgeber sieht vor, dass das Aufsichtsratsgremium den Jahres- bzw. Konzernabschluss nach deren Prüfung durch Beschluss billigt. Dadurch gilt auch gleichzeitig der Jahresabschluss als vom Aufsichtsrat festgestellt. Der Konzernabschluss bleibt hingegen lediglich gebilligt.[251] Die Feststellung bzw. Billigung eines Abschlusses erfolgt in der sogenannten Bilanzsitzung, an der auch der Abschlussprüfer teilnimmt und dabei über die wesentlichen Ergebnisse seiner Prüfung berichtet.[252]

Über das Ergebnis seiner Prüfung hat das Aufsichtsratsgremium schriftlich an die Hauptversammlung zu berichten. In diesem Bericht hat das Gremium auch mitzuteilen in welchem Umfang und in welcher Art die Prüfung der Geschäftsführung während des Geschäftsjahres vorgenommen wurde.[253]

---

[250] So *Kropff, B.* (2004), S. 453, Rn.225.

[251] Vgl. *Potthoff, E./Trescher, K.* (2003), S. 335, Rn. 1353; *Bellavite-Hövermann, Y./Lindner, G./Lüthje, B.* (2005), S. 138, Rn. 125.

[252] Siehe dazu *Kropff, B.* (2004), S. 435, Rn.174-176; *Bellavite-Hövermann, Y./Lindner, G./Lüthje, B.* (2005), S. 139, Rn. 126.

[253] So § 171 Abs. 1 Satz 1 und 2 AktG.

6 Anforderungen an das Überwachungsgremium und seine Mitglieder

Im folgenden Kapitel werden zunächst Anforderungen vorgestellt, die jedes einzelne Aufsichtsratsmitglied erfüllen sollte. Im Anschluss daran werden weitere Anforderungen genannt, die an das Amt des Aufsichtsratsvorsitzenden sowie an den Vorsitz oder die Mitgliedschaft in Ausschüssen des Aufsichtsrats geknüpft sind. Den Abschluss des Kapitels bilden Anforderungen, die an das Aufsichtsratsgremium selbst bzw. an seine Organisation gerichtet sind.

6.1 Anforderungen an das einzelne Aufsichtsratsmitglied

Die Anforderungen an Aufsichtsratsmitglieder lassen sich in Grundvoraussetzungen und Mindestkenntnisse, in fachliche Qualifikationen, in Anforderungen an Zeit und Engagement, in Anforderungen an eine persönliche Amtsführung und in Anforderungen an Unabhängigkeit und Eigenverantwortlichkeit einteilen.

6.1.1 Grundvoraussetzungen und Mindestkenntnisse

Es gibt nur wenige gesetzlich fixierte Voraussetzungen für das Amt des Aufsichtsrates. Diese wurden in dieser Arbeit bereits im dritten Kapitel unter 4.1.1.1 Wählbarkeitsvoraussetzungen behandelt. Es handelt sich hierbei um die Volljährigkeit, die unbeschränkte Geschäftsfähigkeit, die Beschränkung der maximalen Mandatsanzahl, die Unvereinbarkeit von Zugehörigkeit zur Vorstandschaft bzw. Geschäftsführung und zum Aufsichtsratsgremium sowie das Verbot der sogenannten Überkreuzverflechtung.[254]

Durch die Satzung können zudem weitere Voraussetzungen für die Wählbarkeit als Vertreter der Anteilseignerseite festgelegt werden. Beispiele hierfür sind: ein höheres Mindestalter, berufliche oder fremdsprachliche Qualifikationen oder eine bestimme Familienzugehörigkeit.[255]

Neben den gesetzlich fixierten Voraussetzungen haben sich im Laufe der Zeit einige Mindestkenntnisse mittels der deutschen Rechtsprechung durchgesetzt, die ein ordnungsgemäßes und gewissenhaftes Aufsichtsratsmitglied zur Wahrnehmung seiner Aufgaben besitzen muss. Dabei handelt es sich um Kenntnisse[256]

- der gesetzlichen und satzungsmäßigen Aufgaben des Aufsichtsrats,
- der Rechte und Pflichten als Aufsichtsratsmitglied,

---

[254] Vgl. *Lutter, M./Krieger, G.* (2002), S. 8f., Rn. 18; *Hoffmann, D./Preu, P.* (2003), S. 190f., Rn. 700-700.4; *Bellavite-Hövermann, Y./Lindner, G./Lüthje, B.* (2005), S. 13f., Rn. 6-9.

[255] Siehe dazu *Lutter, M./Krieger, G.* (2002), S. 10f., Rn. 23.

[256] Ähnlich *Potthoff, E./Trescher, K.* (2003), S. 205f., Rn. 805; *Oechsler, W. A.* (2004), S. 6.

- um die vorgelegten Vorstands- und Ausschussberichte verstehen und bewerten zu können und daraus die nötigen Schlussfolgerungen ziehen zu können,
- im Bereich der Prüfung des Jahres- und gegebenenfalls des Konzernabschlusses einschließlich des Prüfungsberichts u. U. mit Hilfe des Abschlussprüfers,
- zur Beurteilung der Ordnungsmäßigkeit, der Wirtschaftlichkeit und der Zweckmäßigkeit von Entscheidungen der Geschäftsführung,
- der relevanten Gesetze und der Satzung zur Beurteilung der Rechtmäßigkeit,
- über das herrschende sowie über abhängige Unternehmen, die bei Konzernunternehmen ebenfalls erforderlich sind.

Diese Mindestkenntnisse muss jedes Aufsichtsratsmitglied bereits bei seinem Amtsantritt besitzen, diesbezügliche Mängel wirken sich bei rechtlichen Streitfällen für das Gremienmitglied negativ aus. Zudem liegt ein Übernahmeverschulden vor, wenn ein Aufsichtsrat das Amt trotz solcher Kenntnisdefizite übernommen hat.[257]

---

[257] Siehe *Potthoff, E./Trescher, K.* (2003), S. 206, Rn. 806; *Doralt, P.* (2004), S. 805, Rn. 57; *Semler, J.* (2004), S. 57, Rn. 266.

Die geforderten Mindestkenntnisse sollen sicherstellen, dass jedes Aufsichtsratsmitglied in der Lage ist, die dem Plenum vorbehaltenen Entscheidungen mitzuberaten und mitzutreffen. Dafür ist es erforderlich, dass jedes Mitglied die Aufgaben des Überwachungsorgans weitgehend ohne fremde Hilfe verstehen und analysieren kann. Zudem muss jeder Aufsichtsrat erkennen können, ob bei bestimmten Vorfällen eventuell ein zusätzlicher Informationsbedarf besteht bzw. ob eine detailliertere Erörterung im Gremium notwendig ist.[258]

Des Weiteren existieren auch haftungsspezifische Mindestkenntnisse, die jedes Mitglied des Überwachungsorgans kennen sollte. Diese Mindestkenntnisse resultieren aus der Sorgfaltspflicht eines ordentlichen und gewissenhaften Aufsichtsratsmitglieds aus § 116 des Aktiengesetzes, der seinerseits an den § 93 des Aktiengesetzes verweist. Darin werden vom Gesetzgeber Vorgänge und Vorfälle aufgeführt, die die betreffenden Personen von Vorstandschaft und Aufsichtsrat namentlich zum Ersatz verpflichten. Insbesondere drohen demnach Haftungsfolgen, wenn entgegen dem Gesetz[259]:

- Einlagen an die Aktionäre zurückgewährt werden,

[258] Ähnlich *Oechsler, W. A.* (2004), S. 6; *Schwalbach, J.* (2004), S. 188; *Semler, J.* (2004), S. 93, Rn. 86.
[259] So § 93 Abs. 3 AktG.

- den Aktionären Zinsen oder Gewinnanteile gezahlt werden,
- eigene Aktien der Gesellschaft oder einer anderen Gesellschaft gezeichnet, erworben, als Pfand genommen oder eingezogen werden,
- Aktien vor der vollen Leistung des Ausgabebetrags ausgegeben werden,
- Gesellschaftsvermögen verteilt wird,
- Zahlungen geleistet werden, nachdem die Zahlungsunfähigkeit der Gesellschaft eingetreten ist oder sich ihre Überschuldung ergeben hat,
- Vergütungen an Aufsichtsratsmitglieder gewährt werden,
- Kredit gewährt wird,
- bei der bedingten Kapitalerhöhung außerhalb des festgesetzten Zwecks oder vor der vollen Leistung des Gegenwerts Bezugsaktien ausgegeben werden.

Jeder Aufsichtsrat sollte diese haftungsspezifischen Mindestkenntnisse besitzen sowie die Rechtsvorschriften und wirtschaftlichen Gegebenheiten kennen, die diesen Vorgängen zugrunde liegen, um sein persönliches Haftungsrisiko zu minimieren.[260]

---

[260] Siehe *Semler, J.* (2004), S. 97, Rn. 97.

6.1.2 Fachliche Qualifikationen

Der Gesetzgeber gibt im Bereich der fachlichen Eignung von Aufsichtsratsmitgliedern nichts Konkretes vor, er eröffnet jedoch die Möglichkeit, dass die Satzung diesbezügliche Voraussetzungen festlegt. Dies kann jedoch nur für die Vertreter der Anteilseignerseite erfolgen; deshalb wird in der Praxis auch selten Gebrauch davon gemacht.[261]

Es besteht jedoch kein Zweifel, dass zur kompetenten Wahrnehmung der Überwachungsaufgabe eine hohe fachliche Qualifikation der Aufsichtsratsmitglieder unabdingbar ist. Aufgrund ihrer Kenntnisse und Erfahrungen sollten die einzelnen Mitglieder ein ausreichendes Verständnis der im Aufsichtsrat erörterten Sachfragen mitbringen und gleichzeitig durch die Einbringung ihres Wissens zu fundierten Problemlösungen beitragen.[262] Insbesondere muss jedes Mitglied dafür über ein Mindestmaß an unternehmerischer Erfahrung verfügen. Dies kann durch mehrjährige unternehmerische Tätigkeit als Unternehmer, Betriebsrat, Rechtsanwalt mit Wirtschaftspraxis, Wirtschaftsprüfer, Steuerberater o. Ä. erfolgen.[263] Dennoch kann es heute nicht mehr als ausreichend angese-

---

261 Vgl. dazu *Lutter, M./Krieger, G.* (2002), S. 10f., Rn. 23; *Hoffmann, D./Preu, P.* (2003), S. 191, Rn. 700.3; *Bellavite-Hövermann, Y./Lindner, G./Lüthje, B.* (2005), S. 16f., Rn. 12.

262 Ähnlich *Werder, A. v.* (2004), S. 169.

263 So *Semler, J.* (2004), S. 91f., Rn. 78.

hen werden, ein effektives Überwachungsgremium nur mit erfahrenen Generalisten zu besetzen. Schließlich muss das kumulierte Fachwissen des Gesamtgremiums ausreichen, um die Beratungs- und Überwachungsfunktion gegenüber einer Vorstandschaft aus Spezialisten zu gewährleisten.[264] Entscheidend für die Effektivität der Unternehmensüberwachung ist vielmehr die Zusammensetzung des Gremiums. Dabei steht eine sinnvolle Kombination von individuellen Kompetenzen im Vordergrund. Deshalb kann man durchaus sagen, dass besondere Stärken eines Mitglieds auf bestimmten Gebieten in der Kombination mit Stärken anderer Mitglieder in der Regel besser sind als ein eher unverbindliches Generalistentum.[265]

Im Aufsichtsrat eines großen, international tätigen Industrieunternehmens sollten beispielsweise ein Finanzexperte, ein mit Fragen der Produktion betrauter Fachmann, ein Marketingexperte, ein Fachmann des Forschungs- und Entwicklungsbereichs und gegebenenfalls je nach Branche weitere wichtige Experten zu finden sein.[266] Das Gesamtgremium sollte bei richtiger Besetzung in der Lage sein, alle Grundfunktionen des Unternehmens beurteilen zu können. Dazu muss der kumulativ vertretene Sachverstand alle Aufgaben im Unternehmen abdecken.[267]

---

[264] Siehe auch *Säcker, F. J.* (2004), S. 181f.
[265] Vgl. *Malik, F.* (2002), S.198f.
[266] Ähnlich *Säcker, F. J.* (2004), S. 182.
[267] Vgl. hierzu *Lutter, M./Krieger, G.* (2002), S. 11, Rn. 23.

Im Deutschen Corporate Governance Kodex wird empfohlen, bereits bei den Vorschlägen zur Wahl von Aufsichtsratsmitgliedern darauf zu achten, dass dem Gremium jederzeit Mitglieder angehören, die über die zur ordnungsgemäßen Wahrnehmung der Aufgaben erforderlichen Kenntnisse, Fähigkeiten und fachlichen Erfahrungen verfügen.[268]

6.1.3 Ausreichende Leistungsbereitschaft und Zeit

Aus den Sorgfaltspflichten eines ordentlichen und gewissenhaften Aufsichtsratsmitglieds ist auch die Forderung nach ausreichend verfügbarer Zeit zur Amtsführung abzuleiten. Nimmt eine Person ein Aufsichtsmandat an, ohne über ausreichende Zeit zur Amtsführung zu verfügen, so liegt bereits mit dem Amtsantritt ein Übernahmeverschulden vor. Tritt hingegen die zeitliche Überlastung erst während einer Amtsperiode auf, muss das Aufsichtsratsmitglied den Rücktritt vom Amt erwägen.[269]

Der Deutsche Corporate Governance Kodex gibt vor, dass die Aufsichtsratsmitglieder darauf achten sollen, über ausreichende Zeit zur Wahrnehmung ihrer Mandate zu verfügen. Insbesondere Vorstandsmitglieder von börsennotierten Gesellschaften sollen im

---

[268] Siehe dazu *Deutscher Corporate Governance Kodex* (2006), Ziffer 5.4.1.

[269] Vgl. *Potthoff, E./Trescher, K.* (2003), S. 203, Rn. 799; *Bellavite-Hövermann, Y./Lindner, G./Lüthje, B.* (2005), S. 22, Rn. 17.

Rahmen der Mandatshäufung nicht mehr als fünf Aufsichtsratsmandate bei konzernexternen börsennotierten Gesellschaften wahrnehmen.[270] Bezüglich der Regelungen zur Mandatshäufung besteht zwischen dem Deutschen Corporate Governance Kodex und dem Aktiengesetz eine Diskrepanz von fünf Sitzen. Im Aktiengesetz wurde nämlich die Höchstzahl von Mandaten in Überwachungsgremien auf zehn Ämter beschränkt bei Gesellschaften, die gesetzlich einen Aufsichtsrat zu bilden haben.[271]

Leider wird der Zeitaufwand, der für eine ordentliche und gewissenhafte Amtsführung notwendig ist, in der Praxis oft unterschätzt. Neben dem zeitlichen Aufwand für Sitzungen muss mindestens dieselbe Zeit in deren Vorbereitung, d. h. in das Studium der vorgelegten Berichte und Unterlagen sowie in deren Beratung investiert werden. Natürlich hängt die aufzuwendende Zeit auch stark von der jeweiligen Problemlage ab. Im Krisenfall erfordert die Aufsichtsratstätigkeit erfahrungsgemäß ein Vielfaches an Zeit.[272]

Zusätzlich zu einem im ausreichenden Maße vorhandenem Zeitbudget muss jeder Aufsichtsrat auch ausreichendes Engagement für eine erfolgreiche Amtsausübung mitbringen. Er muss stets alles

[270] So *Deutscher Corporate Governance Kodex* (2006), Ziffer 5.4.5.

[271] Siehe § 100 Abs. 2 Satz 1 AktG.

[272] Ähnlich auch *Hoffmann, D./Preu, P.* (2003), S. 192, Rn. 701; *Potthoff, E./Trescher, K.* (2003), S. 204, Rn. 802; *Oechsler, W. A.* (2004), S. 5.

ihm Mögliche und Zumutbare tun, um seine Aufgaben in bestmöglicher Weise zu erfüllen. Bei der Arbeit im Überwachungsorgan darf er sich deshalb auch nicht mit einer passiven Rolle begnügen, sondern muss durch eigene Beiträge und Initiativen die Arbeit des Aufsichtsgremiums fördern.[273] Insbesondere ist das individuelle Engagement in den Informations-, Diskussions- und Entscheidungsprozessen des Aufsichtsratsgremiums von erheblicher Bedeutung. Außerdem sollte es keinesfalls vorkommen, dass sich die Vertreter einer Seite nur für ihre Belange interessieren. An dieser Stelle sei explizit erwähnt, dass die Vertreter der Arbeitnehmerseite sowohl für die arbeitnehmerrelevanten Aspekte der Aufsichtsratsarbeit wie auch für alle anderen Bereiche der Aufsichtsratstätigkeiten mitverantwortlich sind und auch entsprechend haften.[274]

6.1.4 Persönliche Amtsführung

Der Gesetzgeber hat im Aktiengesetz ausdrücklich festgelegt, dass Aufsichtsratsmitglieder ihre Aufgaben nicht durch andere Personen wahrnehmen lassen können.[275] Jeder Aufsichtsrat muss sein Amt also selbst ausüben, d. h. er muss persönlich seinen Pflichten nachkommen und kann seine Rechte deshalb auch nicht durch andere Personen ausüben lassen. Im Rahmen der Aufsichtsratstätigkeit

---

[273] Vgl. hierzu *Potthoff, E./Trescher, K.* (2003), S. 204, Rn. 803.
[274] So auch *Werder, A.* (2004), S. 170f.
[275] Siehe § 111 Abs. 5 AktG.

besteht ein Vertretungs- und Delegationsverbot. Ausnahmen stellen hierbei die Übergabe von schriftlichen Stimmabgaben mittels Stimmboten sowie die Erledigung von Hilfsfunktionen durch Dritte dar. Hierzu zählen sowohl technische Hilfsarbeiten, beispielsweise Büroarbeiten, als auch Hilfsarbeiten bezüglich der fachlichen Vorbereitung, wie z. B. das Sammeln und Aufarbeiten von Daten.[276] Eine externe Beratungsunterstützung durch Sachverständige darf sich ein Aufsichtsratsmitglied nur zu einzelnen Gegenständen und nur für bestimmte Aufgaben einholen.[277] Die Zulässigkeit aller unterstützenden Leistungen ist jedoch immer von der Erfüllung zweier Voraussetzungen abhängig. Erstens muss das Aufsichtsratsmitglied in jedem Fall maßgebenden Einfluss auf die Steuerung der Arbeiten behalten und sein Urteil in der Sache ohne Einschränkung selbst bilden. Als zweite Voraussetzung muss er stets hinreichende Vorkehrungen zur Wahrung der Vertraulichkeit bzw. der Verschwiegenheit treffen. Diesbezüglich trägt das Aufsichtsratsmitglied bei Verletzungen durch die eingebundene Hilfskraft das volle Haftungsrisiko gegenüber der Gesellschaft.[278]

---

[276] Ähnlich *Potthoff, E./Trescher, K.* (2003), S. 209f., Rn. 819f.; *Bellavite-Hövermann, Y./Lindner, G./Lüthje, B.* (2005), S. 19, Rn. 14.

[277] So § 109 Abs. 1 Satz 2 AktG; § 111 Abs. 2 Satz 2 AktG.

[278] Vgl. *Potthoff, E./Trescher, K.* (2003), S. 210, Rn. 821; *Bellavite-Hövermann, Y./Lindner, G./Lüthje, B.* (2005), S. 20, Rn. 14.

6.1.5 Unabhängigkeit und Eigenverantwortlichkeit

Weitere wichtige Voraussetzungen für eine effiziente Überwachung sind die Unabhängigkeit und Eigenverantwortlichkeit der Aufsichtsratsmitglieder. Diese Anforderungen sollen die Entscheidungsfreiheit der Organmitglieder gegenüber sachfremden Einflüssen garantieren. Unter dem Schlagwort der Eigenverantwortlichkeit versteht man hierbei, dass Aufsichtsräte frei von Aufträgen und Weisungen entscheiden und handeln.[279] Zudem sollen diese Anforderungen verhindern, dass Aufsichtsräte in Versuchung oder unter Druck geraten können, durch unzulässige Rücksichtnahme auf Eigen- oder Fremdinteresse das übergeordnete Unternehmensinteresse aus dem Auge zu verlieren oder zu verletzen.[280] Verträge, mit denen sich Mitglieder verpflichten, ihre Stimme entsprechend den Weisungen Dritter abzugeben, sind im vollen Umfang unwirksam. Dabei ist es gleichgültig, ob es sich bei dem Partner einer solchen Vereinbarung um einen Großaktionär, einen Kreditgeber, eine Gewerkschaft oder einen Dienstherrn handelt. Es ist höchstens möglich, unverbindliche Richtlinien oder Empfehlungen vorzugeben.[281]

---

[279] Siehe auch *Potthoff, E./Trescher, K.* (2003), S. 207f., Rn. 813; *Oechsler, W. A.* (2004), S. 6.

[280] Vgl. hierzu *Werder, A. v.* (2004), S. 169f.

[281] So auch *Lutter, M./Krieger, G.* (2002), S. 261f., Rn. 692; *Potthoff, E./Trescher, K.* (2003), S. 207f., Rn. 813f.; *Bellavite-Hövermann, Y./Lindner, G./Lüthje, B.* (2005), S. 21, Rn. 15.

Den größten Mangel bei der Besetzung von Aufsichtsgremien stellen nach herrschender Meinung die fehlende Unabhängigkeit sowie bestehende und potentielle Interessenkonflikte der Gremienmitglieder dar.[282] Im Aktiengesetz sind diesbezüglich nur einzelne Aspekte geregelt. So legt es in § 105 die Unvereinbarkeit der Zugehörigkeit zum Vorstand und zum Aufsichtsrat fest.[283] Ebenso unterwirft das Aktiengesetz Beratungs- und Kreditverträge zwischen Aufsichtsratsmitgliedern und der Gesellschaft explizit der Genehmigung durch das Aufsichtsratsgremium.[284] Auch der Gegenpart eines in seiner Unabhängigkeit bzw. durch Interessenkonflikte beeinträchtigten Aufsichtsrats wurde vom Gesetzgeber berücksichtigt. Er legt im § 117 des Aktiengesetzes fest, dass Dritte, die vorsätzlich ein Aufsichtsratsmitglied veranlassen, zum Schaden der Gesellschaft oder ihrer Aktionäre zu handeln, der Gesellschaft bzw. den Aktionären gegenüber für den daraus entstandenen Schaden haften.[285] Weitere Aspekte bezüglich der Einschränkung der Unabhängigkeit bzw. zu Interessenkonflikten regelt das Aktiengesetz nicht.

Auch der Deutsche Corporate Governance Kodex geht an mehreren Stellen auf Interessenkonflikte und auf die Unabhängigkeit von

[282] Vgl. dazu *Schwalbach, J.* (2004), S. 187.
[283] Siehe § 105 Abs. 1 AktG.
[284] So § 114 und § 115 AktG.
[285] Vgl. § 117 Abs. 1 AktG.

Aufsichtsräten ein. Um eine unabhängige Beratung und Überwachung zu ermöglichen, empfiehlt der Kodex, dass dem Aufsichtsrat nicht mehr als zwei ehemalige Mitglieder des Vorstandes angehören sollen. Zudem sollen Aufsichtsratsmitglieder keine Organfunktionen oder Beratungsaufgaben bei wesentlichen Wettbewerbern des Unternehmens ausüben. Dabei definiert der Kodex die Aufsichtsratsmitglieder als unabhängig, wenn sie in keiner geschäftlichen oder persönlichen Beziehung zu der Gesellschaft oder deren Vorstandschaft stehen, die einen Interessenkonflikt begründet.[286]

Der Kodex hebt ausdrücklich die Verpflichtung der Aufsichtsratsmitglieder auf das Unternehmensinteresse hervor. Zudem weist er darauf hin, dass Aufsichtsräte bei Entscheidungen weder persönliche Interessen verfolgen noch Geschäftschancen, die dem Unternehmen zustehen, für sich nutzen dürfen.[287] Im Deutschen Corporate Governance Kodex wird außerdem empfohlen, dass Aufsichtsratsmitglieder Interessenskonflikte, insbesondere solche, die aufgrund einer Beratung oder Organfunktion bei Kunden, Lieferanten, Kreditgebern oder sonstigen Geschäftspartnern entstehen können, dem Aufsichtsratsgremium offen legen sollen.[288] Bei aufgetretenen Interessenkonflikten soll der Aufsichtsrat der Hauptversammlung

---

[286] Ähnlich *Deutscher Corporate Governance Kodex* (2006), Ziffer 5.4.2.
[287] Siehe hierzu *Deutscher Corporate Governance Kodex* (2006), Ziffer 5.5.1.
[288] So *Deutscher Corporate Governance Kodex* (2006), Ziffer 5.5.2.

berichten und über deren Behandlung informieren. Als Konsequenz bei wesentlichen und nicht nur vorübergehenden Interessenkonflikten empfiehlt der Kodex die Beendigung des Aufsichtsratsmandats der entsprechenden Person.[289] Ebenso wie im Aktiengesetz wird im Deutschen Corporate Governance Kodex der Abschluss von Beratungs-, Dienstleistungs- und Werkverträgen eines Aufsichtsratsmitglieds mit der Gesellschaft von der Zustimmung des Aufsichtsratsgremiums abhängig gemacht.[290]

Im Rahmen der Unabhängigkeit und der Interessenkonflikte bestehen in der Praxis zwei gravierende Problemfelder. Einerseits besteht ein berechtigter Zweifel an der Unabhängigkeit von Arbeitnehmervertretern im Aufsichtsrat. Andererseits ist ein Wechsel von ehemaligen Vorstandsmitgliedern in den Aufsichtsrat unter Unabhängigkeitsgesichtspunkten ebenfalls zweifelhaft.[291] Der Deutsche Corporate Governance Kodex empfiehlt, dass eine solche Wechselabsicht in der Hauptversammlung besonders begründet werden soll. Zudem sagt der Kodex ausdrücklich, dass ein Wechsel von der Vorstandschaft in den Aufsichtsratsvorsitz oder den Vorsitz in einen Aufsichtsratsausschuss nicht die Regel sein soll.[292]

---

[289] Vgl. *Deutscher Corporate Governance Kodex* (2006), Ziffer 5.5.3.
[290] Ähnlich *Deutscher Corporate Governance Kodex* (2006), Ziffer 5.5.4.
[291] Siehe dazu *Schwalbach, J.* (2004), S. 187.
[292] Ähnlich *Deutscher Corporate Governance Kodex* (2006), Ziffer 5.4.4.

Da die Arbeitnehmervertreter von der Belegschaft in den Aufsichtsrat gewählt werden, orientieren sie sich daher naturgemäß an den Interessen ihrer Wähler. Diese starke Interessenbindung beeinträchtigt die persönliche Unabhängigkeit dieser Aufsichtsräte und kann sie bei bestimmten Sachverhalten in ihrer Urteilsbildung in Konflikte mit dem Unternehmensinteresse bringen.[293]

Bezogen auf den Wechsel von ehemaligen Vorstandsmitgliedern in das Aufsichtsgremium gibt es in der Fachwelt mehrere Sichtweisen. Es gibt die Auffassung, dass eine effektive und unabhängige Kontrolle ehemalige Vorstandsmitglieder im Aufsichtsrat grundsätzlich ausschließt. Eine grundlegend andere Meinung ist, dass ehemalige Vorstandsmitglieder der Aufsichtsratsarbeit nicht schaden und sogar durch ihren enormen Erfahrungsschatz bezogen auf die zu überwachende Gesellschaft für das Aufsichtsratsgremium geradezu eine Bereicherung darstellen. Daneben gibt es eine Reihe von Zwischenstufen. Beispielhaft sei hier die Begrenzung der Zahl ehemaliger Vorstandsmitglieder im Überwachungsgremium oder das Einführen einer sogenannten „cooling-off-Periode" genannt.

Unter dem Begriff der „cooling-off-Periode" versteht man eine näher zu definierende Wartezeit zwischen dem Ausscheiden aus der

[293] Vgl. hierzu *Werder, A. v.* (2004), S. 170.

Vorstandschaft und der Wahl in das Aufsichtsorgan desselben Unternehmens.[294]

6.2 Anforderungen an den Aufsichtsratsvorsitzenden

Zusätzlich zu den Anforderungen, die ein gewöhnliches Aufsichtsratsmitglied erfüllen sollte, stellen sich für den Vorsitzenden des Überwachungsgremiums höhere Anforderungen an dessen Zeit und Engagement sowie an dessen Erfahrungsschatz.

6.2.1 Besonderes Engagement und verfügbare Zeit

In der Praxis der Aufsichtsratstätigkeit muss der Vorsitzende des Überwachungsgremiums regelmäßig mehr leisten als die einfachen Mitglieder des Organs. Aus diesem Grund werden bezüglich der maximalen Anzahl an Aufsichtsratsmandaten die Posten als Aufsichtsratsvorsitzender doppelt gezählt.[295]

Der Aufsichtsratsvorsitzende muss aufgrund seiner administrativen Tätigkeiten z. B. im Bereich der Sitzungsvorbereitung mehr Zeit aufwenden als ein gewöhnliches Aufsichtsratsmitglied. Außerdem muss der Gremiumsvorsitzende regelmäßigen Kontakt zur Vorstandschaft halten und dafür weitere zusätzliche Zeit investieren.

---

[294] So *Wirth, G.* (2005), S. 339-342.
[295] Siehe dazu § 100 Abs. 2 Satz 3 AktG.

6.2.2 Besonderer Erfahrungsschatz

Für die Arbeit als Aufsichtsratsvorsitzender ist ein großer Erfahrungsschatz unerlässlich. Deshalb sollte ein Vorsitzender schon Erfahrungen als einfaches Aufsichtsratsmitglied gesammelt haben, bevor er das Amt des Aufsichtsratsvorsitzenden übernimmt. Diesen Erfahrungsschatz benötigt der Gremiumsvorsitzende, um beurteilen zu können, ob die von der Geschäftsführung bereitgestellten Informationen für das Überwachungsorgan ausreichen oder ob sie einer Ergänzung bedürfen. Des Weiteren muss er erkennen, ob die Einberufung eines Zusammentreffens des Aufsichtsrats notwendig ist. Wenn dies der Fall ist, muss er dafür eine sinnvolle und zielführende Tagesordnung aufstellen. Zudem muss der Aufsichtsratsvorsitzende in der Lage sein, die Sitzungen des Überwachungsorgans zu leiten. Dabei muss er insbesondere widersprüchliche Meinungen ordnen und wesentliche Unterschiede bei den einzelnen Meinungen der Aufsichtsratsmitglieder herausarbeiten sowie die Ergebnisse sachgerecht zusammenfassen. Außerdem muss er gegebenenfalls Kompromisse finden können sowie Entscheidungsvorschläge formulieren und schließlich eine Entscheidung auch herbeiführen können.[296]

[296] Vgl. *Semler, J.* (2004), S. 95f., Rn. 93.

Als besonderen Erfahrungsschatz kann man diesbezüglich jedoch nicht die vorherige Tätigkeit als Vorstandsmitglied im Unternehmen werten. Dies lässt sich insbesondere damit begründen, dass der Deutsche Corporate Governance Kodex diese Konstellation ausdrücklich nicht empfiehlt.[297]

6.3 Anforderungen an Ausschussmitglieder und Ausschussvorsitzende

Die Mitglieder eines Ausschusses und die jeweiligen Ausschussvorsitzenden müssen neben den Anforderungen, denen sie als gewöhnliche Aufsichtsratsmitglieder unterliegen, noch weitere zusätzliche Anforderungen erfüllen.

6.3.1 Besonderer Sachverstand

Die Mitglieder eines Ausschusses sollten über besondere Kenntnisse auf dem Arbeitsgebiet des Ausschusses verfügen. Die fachkundige Besetzung ist wichtigste Voraussetzung für eine effektive Arbeit des jeweiligen Ausschusses.[298] Dieser Tatsache wird auch der Deutsche Corporate Governance Kodex gerecht, indem er empfiehlt, dass der Aufsichtsrat in Abhängigkeit von den spezifischen

---

[297] So *Deutscher Corporate Governance Kodex* (2006), Ziffer 5.4.4.
[298] Ähnlich *Hoffmann, D./Preu, P.* (2003), S. 39, Rn. 157.

Gegebenheiten des Unternehmens und der Anzahl seiner Mitglieder fachlich qualifizierte Ausschüsse bilden soll.[299]

6.3.2 Besondere Anforderungen an Ausschussvorsitzende

Die Ausschussvorsitzenden müssen entsprechend der jeweiligen Befugnisse der Ausschüsse auch Anforderungen erfüllen, die in erster Linie mit dem Amt des Aufsichtsratsvorsitzes verbunden sind. In jedem Fall müssen sie jedoch ebenfalls in der Lage sein, die Sitzungen des jeweiligen Ausschusses zu leiten, und je nach Ausschussermächtigung müssen sie auch Entscheidungsprozesse hilfreich begleiten und vorbereiten.

Eine besondere Anforderung stellt der Deutsche Corporate Governance Kodex an die Unabhängigkeit des Vorsitzenden des Prüfungsausschusses. Dieser Posten soll ausdrücklich nicht durch ein ehemaliges Vorstandsmitglied der Gesellschaft wahrgenommen werden.[300] Wie bereits erwähnt empfiehlt der Kodex hierzu, dass der Wechsel eines Vorstandes zum Vorsitz eines Aufsichtsratsausschusses nicht die Regel sein sollte.[301]

---

[299] Siehe *Deutscher Corporate Governance Kodex* (2006), Ziffer 5.3.1.
[300] So *Deutscher Corporate Governance Kodex* (2006), Ziffer 5.3.2.
[301] Vgl. dazu *Deutscher Corporate Governance Kodex* (2006), Ziffer 5.4.4.

6.4 Anforderungen an die Organisation des Gremiums

Neben den einzelnen Akteuren unterliegt auch der Aufsichtsrat als Gremium einigen Anforderungen, um eine effektive Überwachungstätigkeit zu gewährleisten. Wichtige Basisvoraussetzungen sind diesbezüglich u. a. die richtige Größe des Gremiums, eine ausreichende Sitzungsfrequenz, das Erlassen einer Geschäftsordnung für den Aufsichtsrat sowie eine gute Diskussionskultur innerhalb des Aufsichtsrats und zwischen Vorstandschaft und Aufsichtsrat.

6.4.1 Größe des Überwachungsgremiums

Für die Effektivität der Aufsichtsratstätigkeit ist die richtige Dimensionierung des Kontrollorgans entscheidend. Die Forschung hat sich laut *Prof. Dr. J. Schwalbach* bereits sehr intensiv mit dieser Fragestellung befasst und ist zu dem Ergebnis gekommen, dass die optimale Größe eines Aufsichtsratsgremiums bei einem Kreis von 8 bis 12 Mitgliedern liegt. Bei der tatsächlichen Größenwahl ist jedoch stets die spezifische Situation des jeweiligen Unternehmens zu berücksichtigen.[302] Ab einer gewissen Grenze kann man durchaus sagen, dass ein Aufsichtsrat umso schwerfälliger wird und umso weniger Disziplin in ihm herrscht, je größer er ist. Dies liegt einerseits daran, dass das einzelne Mitglied nicht mehr so stark in die Pflicht genommen wird, da eine passive Haltung nicht

[302] Ähnlich *Schwalbach, J.* (2004), S. 187.

mehr so stark auffällt. Andererseits liegt es auch daran, dass große Gremien die Entstehung von Kleingruppierungen, Koalitionen und Allianzen erleichtern, was wiederum der Effektivität des Gesamtorgans immens schadet. Durch die Bildung von Ausschüssen kann ein zu großes Organ zumindest in Teilbereichen seiner Überwachungstätigkeiten effiziente Größenstrukturen schaffen. Es kann aber auch vorkommen, dass ein Überwachungsgremium mit zu wenigen Mitgliedern besetzt ist. Wird von der optimalen Organgröße zu weit nach unten abgerückt, besteht die Gefahr von zu großer Intimität. Dabei bleibt oftmals die zur effektiven Überwachungsarbeit nötige Sachlichkeit auf der Strecke.[303]

6.4.2 Ausreichende Sitzungsfrequenz

Ohne eine ausreichende Sitzungstätigkeit ist eine effektive Überwachungsarbeit nicht möglich. Dass dabei in der Praxis die vom Gesetzgeber festgelegten Mindestfrequenzen von zwei Sitzungen im Kalenderhalbjahr bzw. einer Sitzung im Halbjahr bei nichtbörsennotierten Gesellschaften ausreichen, darf jedoch regelmäßig bezweifelt werden.[304]

---

[303] Vgl. dazu *Malik, F.* (2002), S. 194; *Potthoff, E./Trescher, K.* (2003), S. 495, Rn. 2037.

[304] Siehe § 110 Abs. 3 AktG.

Will ein Aufsichtsrat die Entwicklung größerer Unternehmen oder Konzerne mitverfolgen und die Geschäftsführung in ihren wesentlichen Aspekten kritisch nachvollziehen sowie eventuell zusätzliche Aufgaben der gestaltenden Überwachung wahrnehmen, so ist es kaum möglich, dies an vier über das Jahr verteilten Sitzungen zu bewerkstelligen. Treten beim zu überwachenden Unternehmen dann noch Krisensituationen oder größere Strukturveränderungen auf, so wird der Sitzungsbedarf nochmals verschärft.[305]

6.4.3 Geschäftsordnung

Um geordnete Verfahrensabläufe und eine formal reibungslose Aufsichtsratsarbeit sicherzustellen, bedarf es einer inneren Ordnung des Aufsichtsrats. Insbesondere sollten alle wichtigen Geschäftsordnungsfragen geregelt sein, wie z. B. Fristen und Formen der Einberufung, Abstimmungsmodalitäten o. Ä.[306] Das Aktiengesetz nennt keinerlei Zwang für eine Geschäftsordnung des Aufsichtsrats, setzt sie aber als zulässig voraus.[307] Der Deutsche Corporate Governance Kodex hingegen empfiehlt dem Überwachungsorgan ausdrücklich, sich eine Geschäftsordnung zu geben.[308]

---

[305] Ähnlich *Potthoff, E./Trescher, K.* (2003), S. 475, Rn. 1936.
[306] So *Potthoff, E./Trescher, K.* (2003), S. 477, Rn. 1945.
[307] Siehe § 82 Abs. 2 AktG.
[308] Vgl. dazu *Deutscher Corporate Governance Kodex* (2006), Ziffer 5.1.3.

6.4.4 Diskussionskultur

Eine weitere sehr wichtige Voraussetzung für die effektive Arbeit des Überwachungsorgans ist die ihr zu Grunde liegende Diskussionskultur. Für eine zielführende Diskussionskultur im Aufsichtsratsgremium sowie zwischen Aufsichtsrat und Vorstandschaft sind Offenheit und Vertraulichkeit grundlegende Voraussetzungen. Forschungsergebnissen zufolge wird eine solche Diskussionskultur und somit auch die Effektivität der Aufsichtsratsarbeit durch eine Kultur des konstruktiven Konflikts gefördert. Die Zusammensetzung des Organs aus durchaus sehr unterschiedlichen Persönlichkeiten und ein offener Informationsaustausch erhöhen die Qualität der zu treffenden Entscheidungen.[309]

Der Deutsche Corporate Governance Kodex setzt ebenfalls für eine gute Unternehmensführung eine offene Diskussion zwischen Vorstand und Aufsichtsrat voraus. Er stellt diesbezüglich explizit die Bedeutung der Wahrung der Vertraulichkeit heraus.[310] Zudem stellt der Kodex klar, dass das Überwachungsgremium bei Bedarf auch ohne den Vorstand tagen soll.[311] Dies ist in einigen Situationen sicherlich unabdingbare Voraussetzung für eine konstruktive Kritik.

---

309 Siehe hierzu *Schwalbach, J.* (2004), S. 189.

310 Vgl. *Deutscher Corporate Governance Kodex* (2006), Ziffer 3.5.

311 So *Deutscher Corporate Governance Kodex* (2006), Ziffer 3.6.

7 Vergleich der Anforderungs- und Qualifikationssituation eines Wirtschaftsprüfers mit der eines Aufsichtsrates

In den Unterpunkten des folgenden Kapitels werden die jeweiligen Anforderungs- bzw. Qualifikationssituationen im Berufsstand des Wirtschaftsprüfers erläutert. Diese werden mit der entsprechenden Situation eines Aufsichtsrates verglichen und entscheidende Unterschiede aufgezeigt.

7.1 Der Berufszugang

Obwohl sich der Zugang zum Amt eines Aufsichtsrates als typisches Nebenamt erheblich von dem Berufszugang eines Wirtschaftsprüfers unterscheidet, lohnt es sich dennoch, einige interessante Parallelen zu ziehen bzw. entscheidende Unterschiede zwischen beiden Zugängen aufzuzeigen und zu hinterfragen.

7.1.1 Persönliche Voraussetzungen

7.1.1.1 Die Situation im Berufsstand des Wirtschaftsprüfers

Der Zugang zum Prüferberuf wird u. a. durch die Überprüfung von persönlichen Voraussetzungen, die zur Examenszulassung notwendig sind, kontrolliert. Dabei muss die Zulassung gemäß § 10 Abs. 1 WPO versagt werden, wenn erkennbar ist, dass eine Ausübung des

Prüferberufes aus rechtlichen oder tatsächlichen Gründen unmöglich sein wird. Dies ist insbesondere der Fall, wenn[312]:

- der Bewerber aufgrund strafrechtlicher Verurteilung nicht die Fähigkeit zur Bekleidung öffentlicher Ämter besitzt,
- der Bewerber sich eines Verhaltens schuldig gemacht hat, das die Ausschließung aus dem Beruf rechtfertigen würde,
- der Bewerber infolge gesundheitlicher Gründe nicht nur vorübergehend unfähig ist, den Beruf des Wirtschaftsprüfers ordnungsgemäß auszuüben,
- sich der Bewerber nicht in geordneten wirtschaftlichen Verhältnissen befindet.

Außerdem kann die Zulassung gemäß § 10 Abs. 2 WPO versagt werden, wenn die Besorgnis aufgrund des Verhaltens des Bewerbers begründet ist, dass er den Berufspflichten als Wirtschaftsprüfer nicht genügen werde.[313] Zudem hat die Prüfungsstelle die Zulassung zurückzunehmen oder zu widerrufen, falls vor vollendeter Prüfung Tatsachen im Sinne des § 10 Abs. 1 WPO bekannt werden. Liegen dabei Tatsachen im Sinne des § 10 Abs. 2 WPO vor, so

[312] Siehe § 10 Abs. 1 WPO.
[313] Vgl. dazu § 10 Abs. 2 WPO.

kann die Prüfungsstelle die Zulassung zurücknehmen bzw. widerrufen.[314]

7.1.1.2 Unterschiede zur Situation eines Aufsichtsrates

Der Zugang zum Amt eines Aufsichtsrates kennt als persönliche Voraussetzungen nur die gesetzlich fixierten Wählbarkeitsvoraussetzungen sowie die Mindestkenntnisse, die sich im Laufe der Zeit in der deutschen Rechtsprechung durchgesetzt haben. Als Gemeinsamkeit kann dabei in Teilen die Forderung nach unbeschränkter Geschäftsfähigkeit auf Seiten eines Aufsichtsrates bzw. die Erfüllung gesundheitlicher Voraussetzungen, insbesondere im geistigen Bereich, auf der Wirtschaftsprüferseite angesehen werden. Regelungen, die auf die wirtschaftliche Lage oder das Verhalten eines Kandidaten abzielen, existieren hingegen für den Zugang zum Aufsichtsratsamt nicht.

7.1.2 Fachliche Anforderungen

7.1.2.1 Die Situation im Berufstand des Wirtschaftsprüfers

Zu den fachlichen Anforderungen zählen die Vorbildung und die bisherige praktische Tätigkeit des Bewerbers sowie die für das Examen zu erbringenden Prüfungsleistungen. Die Zulassung zu den

[314] Ähnlich § 11 WPO.

Examen setzt den Nachweis einer abgeschlossenen Hochschulausbildung voraus. Davon gibt es zwei Ausnahmen. Zum einen kann bei Bewerbern auf diesen Nachweis verzichtet werden, die sich in mindestens zehnjähriger Tätigkeit als Beschäftigte bei einem zur Vornahme von Pflichtprüfungen Berechtigten bewährt haben. Zum anderen kann bei Bewerbern auf den Nachweis verzichtet werden, die mindestens fünf Jahre den Beruf des vereidigten Buchprüfers oder Steuerberaters ausgeübt haben.[315] Weitere Bedingung zur Zulassung zu den Examen ist die Erfüllung der Tätigkeitsvoraussetzung. Für Bewerber mit Hochschulabschluss werden mindestens drei Jahre Prüfungstätigkeit vorausgesetzt. Liegt die Regelstudienzeit der Hochschulausbildung unter acht Semestern, so erhöht sich die geforderte Tätigkeitsdauer auf vier Jahre.[316]

Eine weitere fachliche Qualifikation für den Zugang zum Beruf des Wirtschaftsprüfers ist das erfolgreiche Ablegen des Zulassungsexamens. Dieses Examen soll dabei den Nachweis erbringen, dass der Bewerber fachlich befähigt ist, den Beruf des Wirtschaftsprüfers ordnungsgemäß auszuüben. Bei der Prüfung handelt es sich um eine auf Aufgaben der Berufsarbeit abgestellte Verständnisprüfung, die vor einer Prüfungskommission abgelegt wird.[317]

---

[315] Siehe § 8 WPO.
[316] So § 9 Abs. 1 WPO.
[317] Vgl. dazu *Marten, K.-U., Quick, R., Ruhnke, K.* (2003), S. 52.

Der Kommission gehören ein Vertreter der obersten Landesbehörde als Vorsitzender, ein Hochschullehrer der Betriebswirtschaftslehre, ein Mitglied mit der Befähigung zum Richteramt, ein Vertreter der Finanzverwaltung, ein Vertreter der Wirtschaft sowie zwei Wirtschaftsprüfer an.[318]

Die Prüfung gliedert sich in einen schriftlichen und einen mündlichen Teil.[319] Sie umfasst dabei die folgenden vier Prüfungsgebiete:[320]

- wirtschaftliches Prüfungswesen, Unternehmensbewertung und Berufsrecht,
- angewandte Betriebswirtschaftslehre bzw. Volkswirtschaftslehre,
- Wirtschaftsrecht,
- Steuerrecht.

Der schriftliche Teil der Prüfungsleistungen besteht aus sieben Aufsichtsarbeiten von jeweils vier bis sechs Stunden Länge.[321] Beim mündlichen Teil muss der Bewerber einen zehnminütigen Kurzvortrag über einen Gegenstand aus der Berufsarbeit eines

[318] Siehe § 2 Abs. 1 Satz 1 WiPrPrüfV.
[319] Ähnlich § 5 Satz 1 WiPrPrüfV.
[320] Vgl. § 4 WiPrPrüfV.
[321] Siehe hierzu § 5 Satz 2 WiPrPrüfV und § 7 Abs. 2 Satz 1 WiPrPrüfV.

Wirtschaftsprüfers halten. Anschließend erfolgt eine mündliche Prüfung mit fünf Prüfungsabschnitten.[322]

7.1.2.2 Unterschiede zur Situation eines Aufsichtsrates

Fachliche Qualifikationen bzw. Anforderungen für eine Aufsichtsratstätigkeit sind gesetzlich nicht konkret vorgeschrieben. Allerdings wird in der Satzung die Möglichkeit dazu eröffnet, zumindest für Vertreter der Anteilseignerseite konkrete Forderungen festzulegen. Auch die Empfehlungen des Deutschen Corporate Governance Kodex sind bezüglich der fachlichen Qualifikationen von Aufsichtsratsmitgliedern wenig konkret. Gewisse Grundvoraussetzungen ergeben sich jedoch aufgrund der durch die deutsche Rechtsprechung etablierten Mindestkenntnisse. Im Bereich der Tätigkeitsvoraussetzungen wird bei einem Aufsichtsrat ein Mindestmaß an unternehmerischer Erfahrung vorausgesetzt. Eine Forderung nach einer abgeschlossenen Hochschulausbildung als Zugangsvoraussetzung existiert ebenso wenig wie ein Zulassungsverfahren an sich. Daher gibt es für das Amt des Aufsichtsrates auch keinerlei zu erbringenden Prüfungsleistungen. Interessant ist in diesem Zusammenhang auch, dass für das Amt des Aufsichtsratsvorsitzenden keinerlei Erfahrung als einfaches Aufsichtsratsmitglied vorausgesetzt wird.

---

322 So § 15 Abs. 1 WiPrPrüfV.

7.1.3 Der Grundsatz der Unabhängigkeit

7.1.3.1 Die Unabhängigkeit im Bereich des Wirtschaftsprüfers

Damit die Urteilsfreiheit eines Wirtschaftsprüfers gewährleistet ist, muss dessen Unabhängigkeit und Unbefangenheit gewährleistet sein. Unter Unbefangenheit versteht man in diesem Zusammenhang, dass ein Wirtschaftsprüfer seine Tätigkeit ohne geistige Bindung und vor allem unvoreingenommen aufnimmt. Dabei muss ein Wirtschaftsprüfer nicht nur tatsächlich unbefangen und unabhängig sein, sondern auch vorurteilslosen Dritten als unbefangen und unabhängig erscheinen. Die tatsächliche Unabhängigkeit des Wirtschaftsprüfers setzt das Freisein von rechtlichen, wirtschaftlichen und faktischen Einwirkungsmöglichkeiten durch das zu prüfende Unternehmen oder durch Dritte voraus. Die internationale Fachliteratur spricht in diesen Zusammenhängen von „independence in fact" und „independence in appearance". Eine Gefährdung der Urteilsfreiheit eines Wirtschaftsprüfers tritt insbesondere in folgenden Kategorien auf[323]:

- personelle Verflechtungen, z. B. als gesetzlicher Vertreter oder als Arbeitnehmer des zu prüfenden Unternehmens,

[323] Ähnlich *Marten, K.-U., Quick, R., Ruhnke, K.* (2003), S. 151.

- finanzielle Interessen, z. B. aus Beteiligungs- und Schuldverhältnissen,
- persönliche Beziehungen, z. B. Verwandtschaft oder soziale Bindungen,
- Verbindung von Beratungs- und Prüfungstätigkeit.

7.1.3.2 Unterschiede zur Unabhängigkeit von Aufsichtsräten

Die Unabhängigkeitsvoraussetzungen sind im Bereich des Überwachungsorgans weniger stark ausgeprägt als im Berufsstand des Wirtschaftsprüfers. Die sogenannte „independence in appearance" gibt es im Aufsichtsratsbereich nicht. Ebenso sind finanzielle Interessen und persönliche Beziehungen bei der Besetzung von Aufsichtsratsposten in der Praxis sehr häufig zu finden. Beispielhaft genannt seien hier Bankenvertreter im Aufsichtsrat, aber auch die Besetzung des Überwachungsgremiums bei Familienunternehmen. Im Bereich der persönlichen Verflechtungen gilt bei der Aufsichtsratstätigkeit wiederum der Grundsatz der Unvereinbarkeit der Zugehörigkeit zu Vorstand und Aufsichtsrat. Allerdings stehen Aufsichtsräte die Arbeitnehmervertreter sind im gravierenden Gegensatz zur Situation der personellen Verflechtung im Bereich der Wirtschaftsprüfung, da sie in der Regel zugleich Angestellte des zu überwachenden Unternehmens sind. Eine solche Situation von Anstellungsverhältnis und gleichzeitigem Überwachungs- bzw. Prüfungsauftrag ist im Bereich der Wirtschaftsprüfung unmöglich. Wollen Aufsichtsräte zusätzlich zu ihrer Überwachungstätigkeit einen Beratungsvertrag mit dem Unternehmen abschließen, so bedarf es hierfür der Zustimmung des Aufsichtsratsgremiums.

Der Gesetzgeber spricht im Deutschen Corporate Governance Kodex bei der Zusammensetzung eines Aufsichtsrats ausdrücklich nur davon, dass dem Gremium eine ausreichende Anzahl unabhängiger Mitglieder angehören.[324] Dennoch hat jeder Aufsichtsrat seinen Überwachungsauftrag eigenverantwortlich auszuführen, d. h. er muss frei von Aufträgen bzw. Weisungen handeln und entscheiden können.

7.1.4 Bestellung

Prinzipiell stellt die Bestellung eines Wirtschaftsprüfers einen grundlegend anderen Vorgang als die Bestellung eines Aufsichtsrates dar, dennoch sollen im folgenden Abschnitt einzelne Punkte der jeweiligen Bestellvorgänge miteinander verglichen werden.

[324] So *Deutscher Corporate Governance Kodex* (2006), Ziffer 5.4.2.

7.1.4.1 Die Bestellung als Wirtschaftsprüfer

Gemäß § 15 der Wirtschaftsprüferordnung wird, nach bestandener Prüfung, der Bewerber auf Antrag durch Aushändigung einer von der Wirtschaftsprüferkammer ausgestellten Urkunde als Wirtschaftsprüfer bestellt.[325] Die Bestellung stellt einen Verwaltungsakt dar, bei dem der Bewerber die mit dem Beruf des Wirtschaftsprüfers verbundenen Rechte und Pflichten übernimmt.[326]

Die Bestellung muss einem Bewerber u. a. versagt werden, wenn[327]:

- in seiner Person liegende Gründe eintreten oder bekannt geworden sind, die eine Zulassung zur Prüfung ausschließen,
- keine Berufshaftpflichtversicherung nachgewiesen wird, es sei denn, er ist ausschließlich Angestellter,
- er eine Tätigkeit ausübt, die mit dem Beruf des Wirtschaftsprüfers unvereinbar ist.

Die Bestellung kann einem Bewerber versagt werden, wenn er sich so verhalten hat, dass die Besorgnis begründet ist, er werde den

---

325 Siehe § 15 Satz 1 WPO.
326 Ähnlich *Marten, K.-U., Quick, R., Ruhnke, K.* (2003), S. 54.
327 Vgl. dazu § 16 Abs. 1 WPO.

Berufspflichten als Wirtschaftsprüfer nicht genügen.[328] Gemäß § 19 der Wirtschaftsprüferordnung erlischt die Bestellung durch Tod, Verzicht oder durch rechtskräftige Ausschließung aus dem Beruf.[329] Die Bestellung ist mit Wirkung für die Zukunft zurückzunehmen, wenn nachträglich Tatsachen bekannt werden, bei deren Kenntnis die Bestellung hätte versagt werden müssen.[330] Nach § 20 der Wirtschaftsprüfungsordnung muss die Bestellung u. a. widerrufen werden, wenn der Wirtschaftsprüfer[331]:

- nicht eigenverantwortlich tätig ist oder eine mit dem Beruf unvereinbare Tätigkeit ausübt,
- infolge strafrechtlicher Verurteilung die Fähigkeit zur Bekleidung öffentlicher Ämter verloren hat,
- aus gesundheitlichen Gründen nicht nur vorübergehend unfähig ist, den Beruf des Wirtschaftsprüfers ordnungsgemäß auszuüben,
- eine Berufshaftpflichtversicherung nicht oder nicht im erforderlichen Umfang unterhält,
- sich nicht in geordneten wirtschaftlichen Verhältnissen befindet.

---

[328] So § 16 Abs. 2 WPO.
[329] Siehe hierzu § 19 Abs. 1 WPO.
[330] Vgl. dazu § 20 Abs. 1 WPO.
[331] Ähnlich § 20 Abs. 2 WPO.

7.1.4.2 Unterschiede zur Bestellung eines Aufsichtsratsmitglieds

Hier erfolgt die Bestellung in der Regel durch dessen Wahl auf einer Hauptversammlung. Es ist aber ebenso möglich, dass Aufsichtsratsmitglieder gerichtlich, durch Entsendung oder durch Wahlvorgänge seitens der Arbeitnehmer ins Amt bestellt werden. Als Anforderungen gibt es hierbei nur die gesetzlichen Wählbarkeitsvoraussetzungen sowie die durch die Rechtsprechung aufgestellten Mindestkenntnisse. Eine Versicherungspflicht für mit der Tätigkeit verbundene Haftungsrisiken existiert ebenso wenig wie die unmittelbare Forderung, dass sich der jeweilige Kandidat in geordneten wirtschaftlichen Verhältnissen befindet. Auch für den Fall einer strafrechtlichen Verurteilung eines Kandidaten, mit der Folge des Verlustes der Fähigkeit zur Bekleidung öffentlicher Ämter, gibt der Gesetzgeber im Falle eines Aufsichtsrates nichts vor. Mit den oben aufgeführten Anforderungen zur Bestellung eines Wirtschaftsprüfers ist lediglich die Voraussetzung der Eigenverantwortlichkeit gemein, die sich beim Amt des Aufsichtsrates aus den Sorgfaltspflichten eines gewissenhaften und ordentlichen Aufsichtsrates ableiten lässt. Der Bereich der Tätigkeiten, die mit dem Beruf eines Wirtschaftsprüfers unvereinbar sind, lässt sich insofern auf die Situation eines Aufsichtsrates übertragen, als bei ihm die Unvereinbarkeit der Zugehörigkeit zum Vorstand und zum Aufsichtsrat gegeben ist.

7.1.5 Auftragsannahme bzw. Amtsannahme

Die Auftragsannahme eines Wirtschaftsprüfers und die Annahme eines Aufsichtsratsamtes, in Form einer Annahme eines neuen Überwachungsmandates, stellen zumindest in Teilbereichen zwei vergleichbare Vorgänge dar. Ein Wirtschaftsprüfer muss vor der Annahme eines Auftrages die Erfüllung von Voraussetzungen ebenso prüfen wie ein Aufsichtsrat, der durch die Annahme eines zusätzlichen Aufsichtsratsmandates einen neuen Überwachungsauftrag wahrnehmen möchte.

7.1.5.1 Voraussetzungen zur Auftragsannahme eines Wirtschaftsprüfers

Für einen Wirtschaftsprüfer gibt es keine Verpflichtung zur Annahme eines Prüfungsauftrages. Er darf laut § 319 des Handelsgesetzbuches nicht Abschlussprüfer einer Gesellschaft sein, wenn er u. a.[332]:

- Aktionär der Gesellschaft ist,
- gesetzlicher Vertreter, Mitglied des Aufsichtsrats oder Arbeitnehmer des zu prüfenden Unternehmens ist,

[332] Vgl. dazu § 319 Abs. 2 HGB.

- bei der Führung der Bücher oder der Aufstellung des zu prüfenden Jahresabschlusses über die Prüfungstätigkeit hinaus mitgewirkt hat.

Gegen die Annahme eines Prüfungsauftrags können in der Praxis u. a. folgende Ablehnungsgründe sprechen[333]:

- Besorgnis der Befangenheit liegt vor,
- keine ausreichende Sachkenntnis oder keine ausreichenden Kapazitäten,
- Gefahr der Interessenkollision mit anderen Auftraggebern.

7.1.5.2 Voraussetzungen zur Amtsannahme eines Aufsichtsrates

Auch ein Aufsichtsrat, der ein Aufsichtsratsamt antreten möchte, muss vor der Amtsannahme prüfen, ob gewisse Voraussetzungen erfüllt sind. Besonders interessant ist dieser Bereich, wenn ein Aufsichtsrat, der sich bereits in einem Überwachungsgremium befindet, die Übernahme eines weiteren Überwachungsauftrages bei einem weiteren Unternehmen erwägt. Die Frage nach ausreichender Zeit für ein zusätzliches Überwachungsmandat fällt in diesem Zu-

[333] Ähnlich *Marten, K.-U., Quick, R., Ruhnke, K.* (2003), S. 225.

sammenhang besonders oft. Der Gesetzgeber versucht dies mit Regelungen zur Mandatshäufung bzw. einer Höchstzahl an möglichen Aufsichtsratsposten sicherzustellen. Ebenso stellt sich für einen Aufsichtsrat in dieser Situation häufig die Frage der Unabhängigkeit, da es in der Praxis oft vorkommt, dass beide von ihm zu überwachenden Unternehmen in geschäftlichem Kontakt zueinander stehen. Dabei können durchaus gravierende Interessenskonflikte entstehen, beispielsweise zwischen einer Bank und einem Unternehmen bei Finanzierungsfragen, oder bei zwei konkurrierenden Unternehmen.

Der Deutsche Corporate Governance Kodex empfiehlt bei nicht nur vorübergehenden Interessenskonflikten die Beendigung eines Mandates.[334] Sind solche Interessenskonflikte für einen Aufsichtsrat bereits vor der Amtsannahme ersichtlich, so empfiehlt es sich, das zusätzliche Amt gar nicht erst anzunehmen. Eine Beteiligung am Unternehmen als Aktionär oder die Beschäftigung als Arbeitnehmer beim Unternehmen sind im Bereich der Unternehmensüberwachung bzw. bei der Besetzung von Aufsichtsratsposten hingegen keinesfalls Ausschlussgründe. Beide Gruppen sind in der Realität sogar häufig im Überwachungsgremium vertreten.

[334] Siehe dazu *Deutscher Corporate Governance Kodex* (2006), Ziffer 5.5.3.

7.2 Überwachung der Anforderungen durch berufsständische Organisationen

Berufsständische Organisationen vertreten einen Berufsstand in der Öffentlichkeit, zudem nehmen sie Selbstverwaltungsaufgaben wahr und befassen sich mit der beruflichen Facharbeit.[335]

7.2.1 Berufsständische Organisationen der Wirtschaftsprüfer

In Deutschland gibt es im Bereich der Wirtschaftsprüfung zwei große berufsständische Organisationen. Zum einen gibt es die Wirtschaftsprüferkammer, eine Körperschaft öffentlichen Rechts, bei der alle Wirtschaftsprüfer Pflichtmitglieder sind. Ihre Organe sind die Wirtschaftsprüferversammlung, der Beirat, der Vorstand und die Kommission für Qualitätskontrolle. Die Wirtschaftsprüferkammer nimmt insbesondere Aufgaben der Berufsaufsicht, der Interessenvertretung der Gesamtheit der Mitglieder, der Qualitätskontrolle, der Ausarbeitung von Normen für die Berufsausübung und Aufgaben im Bereich der berufsqualifizierenden Examina wahr.[336]

Zum anderen gibt es noch das Institut der Wirtschaftsprüfer in Deutschland e. V., welches als eingetragener Verein privatrechtlich organisiert ist. Für einen Wirtschaftsprüfer ist die Mitgliedschaft

[335] Vgl. *Marten, K.-U., Quick, R., Ruhnke, K.* (2003), S. 60.
[336] Ähnlich *Marten, K.-U., Quick, R., Ruhnke, K.* (2003), S. 60f.

hier freiwillig. Seine Organe sind der Verwaltungsrat und der Vorstand. Das Institut hat sich in der Satzung die Aufgabe gesetzt, die Fachgebiete des Wirtschaftsprüfers zu fördern und für dessen Interessen einzutreten.[337]

7.2.2 Berufsständische Organisationen im Aufsichtsratsbereich

Für das Aufsichtsratsamt als klassisches Nebenamt existieren keinerlei berufsständische Organisationen. Deshalb findet auch keine berufsständische Interessenvertretung, keine Qualitätskontrolle, keine Ausarbeitung von Normen für die Berufsausübung und vor allem auch keine Berufsaufsicht statt.

7.3 Überwachung durch berufsstandsunabhängige Organisationen

7.3.1. Überwachung durch die Abschlussprüferaufsichtskommission

Durch das Gesetz zur Fortentwicklung der Berufsaufsicht über Abschlussprüfer in der Wirtschaftsprüferordnung vom 27.12.2004, auch Abschlussprüferaufsichtsgesetz bzw. APAG genannt, wurde die Abschlussprüferaufsichtskommission (APAK) begründet. Ziel der Einrichtung der APAK war es, den Berufsstand der Abschluss-

[337] So auch *Marten, K.-U., Quick, R., Ruhnke, K.* (2003), S. 62f.

prüfer in Deutschland, die gesetzlich vorgeschriebene Abschlussprüfungen vornehmen, unter eine letztverantwortliche, berufsstandsunabhängige Aufsicht zu stellen. Die APAK steht unter der Rechtsaufsicht des Bundesministeriums für Wirtschaft und Arbeit. Sie ist eine nicht rechtsfähige Personengemeinschaft eigener Art und besteht aus mindestens sechs und höchstens zehn ehrenamtlichen, vom Bundesministerium für Wirtschaft und Arbeit auf die Dauer von vier Jahren ernannten Mitgliedern. In den letzten fünf Jahren vor ihrer Ernennung dürfen die Kommissionsmitglieder nicht persönliche Mitglieder der WPK gewesen sein. Sie sollen über besondere Erfahrungen in den Bereichen Finanzwesen, Rechnungslegung, Wirtschaft, Wissenschaft oder Rechtsprechung verfügen.

7.3.2 Überwachung durch berufsstandsunabhängige Organisationen im Aufsichtsratsbereich

Eine Überwachung durch berufsstandsunabhängige Organisationen findet im Aufsichtsratsbereich nicht statt.

8 Zusammenfassung und Fazit

Das Amt des Aufsichtsrates hat im Laufe des Zeit viele Neuerungen und durchaus auch viele sinnvolle Reglementierungen erfahren, dennoch bleibt insbesondere im Bereich des Berufszugangs noch viel zu tun. Der Gesetzgeber hat es bisher versäumt, einen konkreten Anforderungskatalog für Personen, die dieses Amt ausüben möchten, vorzulegen. Dies liegt einerseits sicherlich daran, dass das Aufsichtsamt noch immer als klassisches Nebenamt angesehen wird. Andererseits liegt es aber auch daran, dass die Anforderungen an Aufsichtsräte sehr stark von dem jeweiligen zu überwachenden Unternehmen abhängen. Dabei sind insbesondere die Rechtsform, der Grad der Mitbestimmung und die Struktur des Unternehmens bzw. des Konzerns von erheblicher Bedeutung. Um einen Anforderungskatalog für das Überwachungsorgan aufzustellen zu können, muss man im Vorfeld die einzelnen Akteure des Organs näher betrachten. Dazu zählen das einfache Aufsichtsratsmitglied, der Aufsichtsratsvorsitzende und seine Stellvertreter sowie Ausschussmitglieder und Ausschussvorsitzende. Von besonderer Bedeutung sind bei einer solchen näheren Betrachtung die Rechte und Pflichten der einzelnen Akteure sowie deren Aufgabenbereiche im Bereich der Aufsichtsratsarbeit. Da letztlich alle gestellten Anforderungen der Verbesserung der Überwachungstätigkeiten des Aufsichtsratsorgans dienen sollen, ist es erforderlich, sich einen Überblick über die verschiedenen Überwachungsmethoden und über die verschiedenen Überwachungsmaßstäbe zu verschaffen.

Aus den gesetzlich definierten Anforderungen und abgeleiteten Anforderungen aus den zuvor genannten Gebieten ist es schließlich möglich, einen Anforderungskatalog aufzustellen, der sich in vier Hauptbereiche gliedern lässt. Erstens die Anforderungen, die sich an jedes einzelne Aufsichtsratsmitglied stellen. Dazu zählen Grundvoraussetzungen und Mindestkenntnisse einschließlich der gesetzlichen Wählbarkeitsvoraussetzungen, gewisse fachliche Qualifikationen, ausreichende Leistungsbereitschaft und ausreichend verfügbare Zeit, eine persönliche Amtsführung sowie die Unabhängigkeit und Eigenverantwortlichkeit des jeweiligen Aufsichtsratsmitglieds. Der zweite Anforderungsbereich richtet sich an Aufsichtsratsvorsitzende, die insbesondere über ein besonderes Engagement und über ein besonderes hohes Maß an verfügbarer Zeit verfügen sollten. Zudem benötigt der Gremiumsvorsitzende einen besonderen Erfahrungsschatz, um seinen Aufgaben gerecht zu werden. Drittens gibt es einen Bereich, der spezielle Anforderungen an Ausschussmitglieder und Ausschussvorsitzende enthält. Zum einen wird von Ausschussmitgliedern besonderer Sachverstand verlangt. Zum anderen müssen Ausschussvorsitzende ebenfalls besondere Anforderungen erfüllen, ähnlich einer abgeschwächten Version der

Anforderungen an einen Aufsichtsratsvorsitzenden. Der vierte und letzte Teilbereich bestimmt Anforderungen, die sich an die Organisation des Gremiums richten. Hierunter fallen insbesondere Anforderungen an die Größe des Aufsichtsratsorgans, an eine ausreichende Sitzungsfrequenz, die Forderung nach einer Geschäftsordnung für das Überwachungsorgan sowie Anforderungen an die im Gremium herrschende Diskussionskultur.

Vergleicht man nun diesen Anforderungskatalog eines Aufsichtsrates mit der Anforderungs- und Qualifikationssituation eines Wirtschaftsprüfers, so fällt auf, dass der Berufszugang eines Wirtschaftsprüfers im Vergleich zu einem Aufsichtsrat sehr genau geregelt ist. Außerdem besteht für den Beruf des Wirtschaftsprüfers ein sehr detailliertes Anforderungsprofil. Im Bereich der Aufsichtsratstätigkeit sind solche Anforderungsprofile gar nicht oder nur in einer sehr allgemein formulierten Art zu finden. Entscheidende Unterschiede im Berufszugang lassen sich zwischen beiden Gruppen bezüglich der persönlichen Voraussetzungen, der fachlichen Qualifikation bzw. Anforderungen sowie bezüglich des Grundsatzes der Unabhängigkeit ausmachen. Ebenso lassen sich bei einem Vergleich der jeweiligen Bestellung und der Auftrags- bzw. Amtsannahme interessante Parallelen aber auch markante Differenzen feststellen. Bei einem Vergleich der jeweiligen berufsständischen Organisationen ist das Ergebnis besonders gravierend. Diese sind im

Wirtschaftsprüferbereich gut ausgeprägt und nehmen dort wichtige Aufgaben wahr, etwa die Berufsaufsicht oder die Qualitätskontrolle. Im Aufsichtsratsbereich sind solche Organisationen hingegen gar nicht vorhanden.

In beiden Gebieten, dem Berufszugang und der berufsständischen Organisation, kann im Aufsichtsratsbereich noch viel verbessert werden. Hierbei bietet sich insbesondere eine Orientierung an den in der Praxis bewährten und durchaus auch im Laufe der Zeit erfolgreich erneuerten bzw. angepassten Regelungen und Strukturen des Wirtschaftsprüferberufs an. Dennoch kommt man an dieser Stelle auch nicht daran vorbei, das Aufsichtsratsorgan selbst in die Verantwortung zu nehmen. Durch das turnusmäßige Besetzen von Aufsichtsratsposten hat das Gremium die Möglichkeit, für jede neu zu besetzende Position im Aufsichtsrat ein Anforderungsprofil zu erstellen und der Hauptversammlung nur solche Bewerber vorzuschlagen, die dieses Profil auch erfüllen.

Verzeichnis der Gesetze, Verordnungen, Verwaltungsanweisungen und sonstigen Rechnungslegungs- und Prüfungsnormen

AktG (1965): Aktiengesetz vom 06.09.1965 (BGB1. I S. 1089) mit allen späteren Änderungen einschließlich der Änderung durch das Bilanzkontrollgesetz vom 15.12.2004, in BGBl. I S. 3408.

Deutscher Corporate Governance Kodex (2006): Deutscher Corporate Governance Kodex in der Fassung vom 12.06.2006.

GmbHG (1892): Gesetz betreffend die Gesellschaften mit beschränkter Haftung vom 20.04.1892 (RGBl. S. 477) mit allen späteren Änderungen einschließlich der Änderung durch Art. 12 Gesetz vom 22.03.2005, in BGBl. I S. 837.

HGB (1897): Handelsgesetzbuch vom 10.05.1897 (RGBl. S. 219) mit allen späteren Änderungen einschließlich der Änderung durch Art. 1 Gesetz vom 03.08.2005, in BGBl. I S. 2267.

WiPrPrüfV (2004): Prüfungsverordnung für Wirtschaftsprüfer nach §§ 14 und 131I der Wirtschaftsprüferordnung (Wirtschaftsprüferprüfungsverordnung – WiPrPrüfV) vom 20.07.2004 (BGBl. S. 1707) einschließlich der Änderung durch die Erste Verordnung zur Änderung der Wirtschaftsprüferprüfungsverordnung vom 20.12.2004, in BGBl. I S. 3585.

WPO (1961): Gesetz über eine Berufsordnung der Wirtschaftsprüfer (Wirtschaftsprüferordnung) vom 24.07.1961 (BGBl. I S. 1049) mit allen späteren Änderungen einschließlich der Änderung durch das Gesetz zur Fortentwicklung der Berufsaufsicht über Abschlussprüfer in der Wirtschaftsprüferordnung (Abschlussprüferaufsichtsgesetz – APAG) vom 27.12.2004, in BGBl. I S. 3846.

Literaturverzeichnis

Balser, H./Bockelmann, G./Piorreck, K. F. (1997): Die Aktiengesellschaft – Umfassende Erläuterungen, Beispiele und Musterformulare für die Rechtspraxis, 3. Aufl., Freiburg im Breisgau 1997.

Bellavite-Hövermann, Y./Lindner, G./Lüthje, B. (2005): Leitfaden für den Aufsichtsrat – Betriebswirtschaftliche und rechtliche Grundlagen für die Aufsichtsratsarbeit, Stuttgart 2005.

Brauchitsch, E. v. (1998): Überwachung der Konzern- und Unternehmensführung durch den Aufsichtsrat - Erfahrungen und aktuelle Praxis aus der Sicht des Aufsichtsratvorsitzenden, in: Theisen, M. R. (Hrsg.), Der Konzern im Umbruch – Organisation, Besteuerung, Finanzierung und Überwachung, Stuttgart 1998, S. 297-307.

Cahn, A. (1907): Der Aufsichtsrat der Aktiengesellschaft, Berlin 1907.

Doralt, P. (2004): Haftung und Schadensersatz, in: Schenck, K. v./Semler, J. (Hrsg.) (2004): Arbeitshandbuch für Aufsichtsratsmitglieder, München 2004, S. 787-839.

Fischbach, D. (2003): Der Bilanzprüfungsausschuss des Aufsichtsrats und seine Zusammenarbeit mit dem Abschlussprüfer, Lohmar – Köln 2003.

Fuhr, A. (2003): Die Prüfung der Unternehmensplanung – Ein Instrument zur Überwachung der Unternehmensleitung in Kapitalgesellschaften, Düsseldorf 2003.

Freidank, C.-C. (Hrsg.) (2001): Die Deutsche Rechnungslegung und Wirtschaftsprüfung im Umbruch, Festschrift für Theodor Strobel zum 70. Geburtstag, München 2001.

Hoeland, E. (1886): Die Organe der Aktiengesellschaften, Jena 1886.

Hoffmann, D./Preu, P. (2003): Der Aufsichtsrat, 5. Aufl., München 2003.

Hofmann, R. (1998): Aufsichtsrat – Kontrollschwäche begünstigt Missmanagement – Komprimierte Analyse und praxisorientierter Leitfaden zur Unternehmensüberwachung, 2. Aufl., Bochum 1998.

Hopt, K. J. (2001): Das System der Unternehmensüberwachung in Deutschland, in: Institut der Wirtschaftsprüfer e. V. (Hrsg.), Bericht über die Fachtagung 2000 des Instituts der Wirtschaftsprüfer in Deutschland e. V., Kapitalmarktorientierte Unternehmensüberwachung – Chancen und Risiken, Düsseldorf 2001, S. 27-63.

Hucke, A. (2003): Aufsichtsrat und Abschlussprüfer – Eine symbiotische Beziehung?, in: Jung, U./Henke, M./Schönbrunn, N./Siebert, H./Wollmert, P. (Hrsg.), Wirtschaftsprüfung und Unternehmensüberwachung, Festschrift für Wolfgang Lück, Düsseldorf 2003, S. 115-131.

Institut der Wirtschaftsprüfer e. V. (Hrsg.) (2001): Bericht über die Fachtagung 2000 des Instituts der Wirtschaftsprüfer in Deutschland e. V., Kapitalmarktorientierte Unternehmensüberwachung – Chancen und Risiken, Düsseldorf 2001.

Jung, U./Henke, M./Schönbrunn, N./Siebert, H./Wollmert, P. (Hrsg.) (2003): Wirtschaftsprüfung und Unternehmensüberwachung, Festschrift für Wolfgang Lück, Düsseldorf 2003.

Kindler, A. (1997): Der amerikanische Aufsichtsrat – Der Funktionswandel des Board of Directors großer Aktiengesellschaften in den USA, Diss. Erlangen-Nürnberg 1997.

Kittner, M./Köstler, R./Zachert, U. (1995): Aufsichtsratspraxis – Ein Handbuch für die Arbeitnehmervertreter im Aufsichtsrat, 5. Aufl., Köln 1995.

Kropff, B. (2004): Mitwirkung des Aufsichtsrats bei einzelnen Maßnahmen der Geschäftsführung, in: Schenck, K. v./Semler, J. (Hrsg.) (2004): Arbeitshandbuch für Aufsichtsratsmitglieder, München 2004, S. 379-478.

Lehmann, K. (1898): Das Recht der Aktiengesellschaften Band 1, Berlin 1898.

List, H. A. (1998): Die geschichtliche Entwicklung der Rechnungsprüfung im deutschen Aktienrecht bis zum Aktiengesetz von 1937, Diss. Tübingen 1998.

Löbbe, M. (2003): Unternehmenskontrolle im Konzern – Die Kontrollaufgaben von Vorstand, Geschäftsführer und Aufsichtsrat, Heidelberg 2003.

Lutter, M./Krieger, G. (2002): Rechte und Pflichten des Aufsichtsrats, 4. Aufl., Köln 2002.

Malik, F. (1997): Wirksame Unternehmensaufsicht – Corporate Governance in Umbruchzeiten, Frankfurt am Main 1997.

Malik, F. (2002): Die Neue Corporate Governance – Richtiges Top-Management – Wirksame Unternehmensaufsicht, 3. Aufl., Frankfurt am Main 2002.

Marsch-Barner, R. (2004): Schutz der Gesellschaft und der Anteilseigner, in: Schenck, K. v./Semler, J. (Hrsg.) (2004): Arbeitshandbuch für Aufsichtsratsmitglieder, München 2004, S. 705-785.

Marten, K.-U., Quick, R., Ruhnke, K. (2003): Wirtschaftsprüfung – Grundlagen des betriebswirtschaftlichen Prüfungswesen nach nationalen und internationalen Normen, 2. Aufl., Stuttgart 2003.

Obermüller, W./Werner, W./Winden, K. (2001): Die Hauptversammlung der Aktiengesellschaft, 4. Aufl. bearbeitet von V. Butzke, Stuttgart 2001.

Ochsler, W. A. (2004): Anforderungen an die Aufsichtsratsbesetzung, in Der Aufsichtsrat 2004, Heft 3, S. 5 und 6.

Portisch, W. (1997): Überwachung und Berichterstattung des Aufsichtsrats im Stakeholder-Agency-Modell, Frankfurt am Main 1997.

Potthoff, E. (1998): Dreigliedrige Überwachung der Konzernführung – Erfahrungen und Empfehlungen aus betriebswirtschaftlicher Sicht, in: Theisen, M. R. (Hrsg.), Der Konzern im Umbruch – Organisation, Besteuerung, Finanzierung und Überwachung, Stuttgart 1998, S. 361-375.

Potthoff, E. (2003): Risiko- und Krisenbewusstsein der Aufsichtsratsmitglieder, in: Jung, U./Henke, M./Schönbrunn, N./Siebert, H./Wollmert, P. (Hrsg.), Wirtschaftsprüfung und Unternehmensüberwachung, Festschrift für Wolfgang Lück, Düsseldorf 2003, S. 101-113.

Potthoff, E./Trescher, K. (2003): Das Aufsichtsratmitglied – Ein Handbuch der Aufgaben, Rechte und Pflichten, 6. Aufl. bearbeitet von M. R. Theisen, Stuttgart 2003.

Rössler, S. (2001): Reform der Überwachungsarbeit des Aufsichtsrates durch das KonTraG – Aktuelle Entwicklungen auf dem Gebiet der Corporate Governance, in Freidank, C.-C. (Hrsg.), Die Deutsche Rechnungslegung und Wirtschaftsprüfung im Umbruch, Festschrift für Theodor Strobel zum 70. Geburtstag, München 2001, S. 429-469.

Roth, G. H./Wörle, U. (2004): Die Unabhängigkeit des Aufsichtsrats – Recht und Wirklichkeit, in: Zeitschrift für Unternehmens- und Gesellschaftsrecht, Jg. 33, Heft 5, S. 565-630.

Säcker, F. J. (2004): Rechtliche Anforderungen an die Qualifikation und Unabhängigkeit von Aufsichtsratsmitgliedern, in: Die Aktiengesellschaft 2004, Bd. 49, Heft 4, S. 180-186.

Schäfer, J. (2001): Das Überwachungssystem nach § 91 Abs. 2 AktG unter Berücksichtigung der besonderen Pflichten des Vorstandes, Lohmar – Köln 2001.

Schenck, K. v. (2004): Die Überwachung der Geschäftsführung, in: Schenck, K. v./Semler, J. (Hrsg.) (2004): Arbeitshandbuch für Aufsichtsratsmitglieder, München 2004, S. 303-378.

Schenck, K. v./Semler, J. (Hrsg.) (2004): Arbeitshandbuch für Aufsichtsratsmitglieder, 2. Aufl., München 2004.

Schnorr, T. (2000): Historie und Recht des Aufsichtsrats – Deutsche Erfahrungen als Beitrag zum Statut der Europäischen Aktiengesellschaft 1991, Diss. Würzburg 2000.

Scholz, W. (2004): Sanktionen gegen Mitglieder des Aufsichtsrats, in: Schenck, K. v./Semler, J. (Hrsg.) (2004): Arbeitshandbuch für Aufsichtsratsmitglieder, München 2004, S. 679-703.

Schwalbach, J. (2004): Effizienz des Aufsichtsrats, in: Die Aktiengesellschaft 2004, Bd. 49, Heft 4, S. 186-190.

Semler, J. (2004): Die Arbeit des Aufsichtsratsvorsitzenden, in: Schenck, K. v./Semler, J. (Hrsg.) (2004): Arbeitshandbuch für Aufsichtsratsmitglieder, München 2004, S. 135-194.

Semler, J. (2004): Die Kompetenzen des Aufsichtsrats, in: Schenck, K. v./Semler, J. (Hrsg.) (2004): Arbeitshandbuch für Aufsichtsratsmitglieder, München 2004, S. 1-74.

Semler, J. (2004): Vorschlags- und Wahlverfahren, Entsendung, Ausscheiden, in: Schenck, K. v./Semler, J. (Hrsg.) (2004): Arbeitshandbuch für Aufsichtsratsmitglieder, München 2004, S. 75-99.

Siebel, U. (2004): Selbstorganisation und Konstituierung des ersten Aufsichtsrats, in: Schenck, K. v./Semler, J. (Hrsg.) (2004): Arbeitshandbuch für Aufsichtsratsmitglieder, München 2004, S. 101-133.

Streißle, J. (2001): Die aktienrechtliche Abschlussprüfung in Gestalt des KonTraG, Aachen 2001.

Theisen, M. R. (Hrsg.) (1998): Der Konzern im Umbruch – Organisation, Besteuerung, Finanzierung und Überwachung, Stuttgart 1998.

Theisen, M. R. (2002): Grundsätze einer ordnungsmäßigen Information des Aufsichtsrats, 3. Aufl., Stuttgart 2002.

Völter, M. (1999): Aufgaben und Pflichten von Verwaltungsräten, 3. Aufl., Stuttgart 1999.

Wardenbach, F. (1996): Interessenkonflikte und mangelnde Sachkunde als Bestellungshindernisse zum Aufsichtsrat der AG, Köln 1996.

Werder, A. (2004): Überwachungseffizienz und Unternehmensmitbestimmung, in: Die Aktiengesellschaft 2004, Bd. 49, Heft 4, S. 166-172.

Wiethölter, R. (1961): Interessen und Organisation der Aktiengesellschaft im amerikanischen und deutschen Recht, Karlsruhe 1961.

Wirth, G. (2005): Anforderungsprofil und Inkompatibilitäten für Aufsichtsratsmitglieder, in: Zeitschrift für Unternehmens- und Gesellschaftsrecht 2005, Jg. 34, Heft 3, S. 327-347.